汽车排气污染物遥感检测

郝利君　王小虎◎著

REMOTE SENSING DETECTION OF MOTOR VEHICLE EXHAUST POLLUTANTS

北京理工大学出版社
BEIJING INSTITUTE OF TECHNOLOGY PRESS

内 容 简 介

本书系统阐述了汽车排气污染物遥感检测方法、检测设备和遥测数据分析方法。本书主要内容包括汽车排气污染物遥感检测概述、汽车排气污染物生成机理及影响因素、汽车排气污染物检测方法及标准、汽车排气污染物遥感检测设备及检测原理、汽油车排气污染物遥感检测、柴油车气态排气污染物遥感检测、柴油车排气烟度遥感检测和基于遥感大数据的汽车排气污染物监测方法。

本书具有系统性、知识性的特点，内容较充实，不仅适合汽车尾气排放检测人员的培训使用，也适合高职高专院校的教学使用，还可作为广大工程技术人员的参考资料。

图书在版编目（CIP）数据

汽车排气污染物遥感检测 / 郝利君，王小虎著 . --
北京：北京理工大学出版社，2021.4
　ISBN 978 - 7 - 5682 - 9723 - 3

　Ⅰ. ①汽… Ⅱ. ①郝… ②王… Ⅲ. ①汽车排气污染
- 空气污染监测 Ⅳ. ①X831

中国版本图书馆 CIP 数据核字（2021）第 066072 号

出版发行 / 北京理工大学出版社有限责任公司
社　　址 / 北京市海淀区中关村南大街 5 号
邮　　编 / 100081
电　　话 /（010）68914775（总编室）
　　　　　（010）82562903（教材售后服务热线）
　　　　　（010）68944723（其他图书服务热线）
网　　址 / http：//www. bitpress. com. cn
经　　销 / 全国各地新华书店
印　　刷 / 三河市华骏印务包装有限公司
开　　本 / 710 毫米 × 1000 毫米　1/16
印　　张 / 19.5
彩　　插 / 1　　　　　　　　　　　　　　　责任编辑 / 孙　澍
字　　数 / 244 千字　　　　　　　　　　　　文案编辑 / 孙　澍
版　　次 / 2021 年 4 月第 1 版　2021 年 4 月第 1 次印刷　　责任校对 / 周瑞红
定　　价 / 86.00 元　　　　　　　　　　　　责任印制 / 李志强

序

随着我国汽车保有量的不断增长，汽车排放已成为当今大气环境污染的主要来源之一，控制和治理汽车排放污染形势日益严峻。

目前，汽车排放监管体系建设的趋势为新生产汽车、在用汽车标准测试方法协同推进优化，测试环境从实验室到实验室和实际道路并重；监管手段涵盖新生产汽车型式检验、在用汽车定期检验和路上抽检、在用汽车OBD 监管和遥感检测的时空全覆盖。国家相关部委正在推进机动车排放监控体系建设，加快建设完善"天地车人"一体化的机动车排放监控平台，利用机动车道路遥感监测、排放检验机构联网、重型柴油车远程排放监控，以及路检路查和入户监督抽测等手段，对机动车，尤其是柴油车开展全天候、全方位的排放监控。

北京理工大学汽车排放研究项目组多年来一直致力于汽车、发动机排放控制技术及排放测试技术研究，包括汽车发动机排气污染物生成机理及检测技术研究、汽车发动机排放控制技术研究、移动源排放因子及模型研究、汽车排放法规研究等方面。作为国家和地方机动车排放标准的重要编制单位之一，其承担了《非道路移动柴油机械排气烟度限值及测量方法》（GB 36886—2018）国家标准编制工作，参与了《轻型汽车污染物排放限值及测量方法（中国第六阶段）》（GB 18352.6—2016）和《柴油车污染物排放限值及测量方法（中国第六阶段）》（GB 17691—2018）等新车标准、《点燃式发动机汽车排气污染物排放限值及测量方法（双怠速法及简易工况法）》（GB 18285—2005）和《车用压燃式发动机和压燃式发动机汽车排气烟度排放限值及测量方法》（GB 3847—2005）等在用车标准，以及北京市地方标准等的编制工作。

在汽车排放遥感检测领域，其参与编制了《在用柴油车排气污染物测量方法及技术要求（遥感检测法）》（HJ 845—2017）国家标准，以及北京市《在用柴油汽车排气烟度限值及测量方法（遥测法）》（DB11/ 832—2011）、广东省《在用汽车排气污染物限值及检测方法（遥测法）》（DB44/T 594—2009）等多项地方标准。

在汽车排放遥感检测技术研究方面，北京理工大学近些年在汽油车、柴油车排放遥感检测技术方面开展了大量研究，与中国环境科学研究院、安徽宝龙环保科技有限公司合作研发汽柴一体的汽车排气污染物遥感检测设备。国内相关研究机构也开展了机动车排放遥感检测技术研究。本书主要内容是本项目组及相关单位研究工作的总结，希望本书的出版能够为汽车排放领域相关人员提供参考，为推动我国汽车排放遥感检测技术的发展作出贡献。

葛蕴珊

2021 年 3 月

前　言

　　汽车排放遥感检测技术是一种非接触式、高效快捷的汽车排放检测技术。目前，在中国国内建设的"天地车人"一体化机动车排放监控系统中的"天"，指的就是遥感监测。中国正在建设机动车排放遥感监测平台和遥感监测网络，以实现机动车排放遥感检测的时空全覆盖，快速筛查高排放车辆，加强在用车 I/M 制度的车辆排放监管效果。同时，中国正在建立数量巨大的汽车排放遥感检测数据库，通过对机动车排放遥感大数据分析，帮助环境监管部门识别高排放车辆、溯源排放超标车型、评估现行政策的有效性，并为制定新政策提供数据支持。

　　本书作为国内第一本系统阐述汽车排气污染物遥感检测技术的专门书籍，主要内容是作者和项目组成员研究工作的总结。全书主要内容分为前八章和最后的附录部分，包括汽车排放遥感检测技术发展背景及现状、汽车排气污染物的生成机理和检测方法、遥感检测设备的组成和工作原理、汽油车排气污染物遥感检测技术、柴油车排气污染物遥感检测技术和汽车排气污染物遥感大数据分析方法。附录部分介绍了汽车排放遥感设备技术要求及检测规程。本书由郝利君和王小虎合著，郝利君撰写第 1、2、3、5、6、7 和 8 章，王小虎撰写第 4 章和附录。

北京理工大学葛蕴珊教授自始至终给予了大量的指导和支持，课题组同事谭建伟博士、王欣博士、高力平高工和众多研究生参与了大量的试验研究工作，并给予了很多帮助和支持。在此，作者对各位老师和同学表示衷心感谢。

安徽宝龙环保科技有限公司蒋晓川、赵杨威、黄宏启、马磊、刘进等参与了大量的试验研究工作和书稿编写工作，作者表示衷心感谢。

感谢生态环境部机动车排污监控中心尹航博士对本项目和本书编写工作的大力支持和指导，感谢丁焰博士、倪红研究员、王军方博士、付明亮博士、田苗博士、刘嘉博士、纪亮研究员、赵海光、李刚、马冬、郝春晓等的大力支持和帮助。

本书出版和项目研究承蒙国家重点研发计划 – 政府间国际科技创新合作重点专项 – 中国和欧盟政府间科技合作项目"城市道路交通系统排放的监测和监管技术"（2018YFE0106800）项目资助，特此感谢。

本书在编写过程中参考了大量国内外资料，在此向相关资料的作者一并表示感谢。

由于汽车排气污染物遥感检测技术在不断发展之中，加之作者水平和能力有限，书中难免会有疏漏或不当之处，恳切希望读者批评指正。

作　者

2021 年 3 月

目　录

第 1 章

汽车排气污染物遥感检测概述

1.1 遥感技术概述

遥感技术是 20 世纪 60 年代兴起的一种探测技术，通过各种传感仪器从远距离感知探测目标反射、吸收或自身辐射的电磁波、可见光、红外光等，不需与被探测物体直接接触，从而实现远距离辨识及测量目标对象的目的。遥感系统通常由遥感器、遥感平台、信息传输设备、接收装置、数据处理和图像处理设备等组成。遥感器是远距离感测地物环境辐射或反射电磁波的关键仪器，目前使用的遥感器有 20 多种，除可见光摄像机、红外摄像机、紫外摄像机外，还有红外扫描仪、多光谱扫描仪、微波辐射和散射计、侧视雷达等，遥感器正向多光谱、多极化、微型化和高分辨率的方向发展。

遥感技术从本质来说是利用物体所具有的光谱特性，即物体所具有的不同的吸收、反射、辐射光谱的特性，在同一光谱区各种物体反映的情况不同，同一物体对不同光谱的反映也有明显差别。遥感技术就是依据这些原理，对物体进行识别。遥感技术通常使用绿光、红光和红外光三种光谱波段进行探测。按使用的电磁光谱波段不同，遥感技术可分为可见光遥感、红外遥感、紫外遥感、多谱段遥感和微波遥感。

（1）可见光遥感：波长为 $0.4 \sim 0.7 \ \mu m$，一般采用感光胶片（图像遥感）或光电探测器作为感测元件，是一种应用比较广泛的遥感检测方式。可见光摄像遥感具有较高的地面分辨率，但只能在晴朗的白昼使用。

（2）红外遥感：分为近红外或摄像红外遥感、中红外遥感和远红外遥感。近红外或摄像红外遥感，波长为 $0.7 \sim 1.5 \ \mu m$，用感光胶片直接感测；中红外遥感，波长为 $1.5 \sim 5.5 \ \mu m$；远红外遥感，波长为 $5.5 \sim 1\ 000 \ \mu m$。中、远红外遥感通常用于遥感物体的辐射，具有昼夜工作的能力。

（3）紫外遥感：对波长 $0.3 \sim 0.4 \ \mu m$ 的紫外光的主要遥感方法，典型应用是紫外摄像。

（4）多谱段遥感：利用几个不同的谱段同时对同一地物（或地区）进行遥感，从而获得与各谱段相对应的各种信息。

（5）微波遥感：对波长 $1 \sim 1\ 000 \ \mu m$ 的电磁波（即微波）的遥感。微波遥感具有昼夜工作能力，但空间分辨率低。雷达是典型的主动微波系统。

现代遥感技术发展趋势是逐步从紫外光谱段向 X 射线和 γ 射线扩展。从单一的电磁波扩展到声波、引力波、地震波等多种波的综合。

汽车排气污染物遥感检测技术是多谱段遥感方式的一种典型应用。

1.2 汽车排气污染物遥感检测技术发展背景及现状

1.2.1 在用汽车排气污染状况

汽车有害排放物一般可分为常规污染物和非常规污染物。常规污染物主要有一氧化碳（CO）、碳氢化合物（HC）、氮氧化物（NO_x）和微粒（PM）等；非常规污染物主要是指气态的 HC 中的醛类、酮类、苯等有害物质和 PM 中的微量金属以及各种可溶性有机物成分（soluble organic fraction，SOF）等。汽车有害排放物的主要来源有以下几个。

（1）汽车排气，指从发动机排气管排出废气中的 CO、HC、NO_x、二氧化硫（SO_2）、颗粒物、非常规污染物等；汽车排气是汽车污染物排放的主要来源。

（2）曲轴箱排放，即从活塞与气缸之间的间隙漏出，再由曲轴箱经通气管排出的气体，其主要成分是 HC。汽车发动机广泛地采用曲轴箱强制通风措施，将曲轴箱窜气引回进气管路，重新参与燃烧，因此，曲轴箱窜气造成的 HC 排放已基本得到控制。

（3）蒸发排放，指从油箱及燃料供给系泄漏或蒸发的燃油蒸气、润滑系逸出而产生的有害油气，以及车内装饰和汽车涂料产生的溶剂蒸气等，成分以 HC 化合物为主；油箱蒸发的燃油蒸气通过燃油蒸发排放控制系统（EVAP）已基本得到控制。

（4）摩擦，指汽车行驶过程中，由于地面与轮胎之间的摩擦、刹车片摩擦等造成的表面磨损产生的颗粒物污染，目前尚未对其进行控制。

汽车污染物排放是城市大气污染的主要来源，而其中的高排放车辆又是汽车污染物排放的主要贡献者。国内外研究表明，城市在用车队中有10%～15%排放严重超标的车辆，其污染物排放量占整个地区的在用车污染物排放量的50%～60%，汽车检查/维护（inspection/maintenance，I/M）制度中的检测环节就是要准确地找出这10%～15%的高排放车辆，然后用维护和修理的办法使其恢复到接近出厂时的排放水平，这样仅治理10%～15%的高排放车辆，就能有效消减机动车排放总量，达到事半功倍的效果。

为了检验评估在用汽油车排放状况，2016 年至 2018 年期间抽测了近2 000辆在用轻型汽油车，检验车辆排放特性并验证 OBD（on-board diagnostic，车载诊断）系统的诊断和报警功能。对其中一部分存在 OBD 报警信息的国 5 汽油车进行了 NEDC（new European driving cycle，新欧洲驾驶循环）排放检测，发现部分车辆排放超标严重，NO_x 排放最高达到了排放限值的 27 倍，如图 1.1 所示。排放超标车辆中行驶里程最短的仅 3 000 多千米，部分出租车行驶里程接近 100 万千米。OBD 信息显示这些排放超标车辆存在三元催化器老化、氧传感器老化或发动机失火等问题。

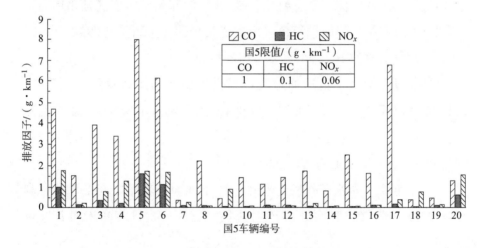

图 1.1 OBD 报警的国 5 汽油车 NEDC 排放

与汽油车相比，柴油车带来的环境污染更不容忽视，依据生态环境部统计数据，截至 2019 年，全国柴油车保有量约 1 800 万辆，仅占汽车保有量的 7% 左右，而柴油车排放的 NO_x 接近汽车排放总量的 80%，PM 超过 90%，是机动车污染防治的重中之重。

以前，国内外重型车辆排放标准仅规定进行重型发动机台架排放检测，并规定了排放标准限值要求，对发动机装配到整车上的排放不做要求。近年来，国内外环保部门开始重视型式检验工况排放与实际道路工况排放的差异，开始控制发动机装配到整车上后的车辆污染物排放，要求开展实际道路行驶工况排放（real drive emission，RDE）检测，并需要满足相应排放限值要求。

为了掌握不同排放阶段柴油车辆的实际道路排放情况，采用便捷式排放测量系统（portable emission measure system，PEMS）对上百辆重型汽车进行了实际道路排放检测，涵盖了国 I 至国 V 重型柴油车和天然气车，采用功窗口法对试验结果进行处理，图 1.2 所示为典型国 II 至国 V 重型柴油车车载排放试验结果，可以看出大多数重型柴油车在实际使用过程中的 NO_x 排放均超过了发动机台架试验排放限值，甚至达到 2 倍以上，可见重型柴油车实际道路行驶中 NO_x 排放超标现象严重。

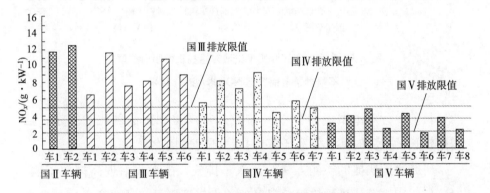

图 1.2　典型国 II 至国 V 重型柴油车车载排放试验结果

目前，国 IV 排放阶段及以后的重型柴油车主要采用 SCR（selective catalytic reduction，选择性催化还原）技术降低 NO_x 排放，用户需要添加尿素来保证 SCR 系统正常工作。为了降低使用成本，部分企业或用户存在篡改 SCR 系统有关功能的现象，或者未及时添加尿素，或使用不合格尿素，造成 NO_x 排放超标严重。由此造成的 NO_x 排放超标不像柴油车烟度超标那样显而易见，因而对环境的危害更为严重。图 1.3 所示为实测的国 IV 和国 V 柴油车辆在正常喷射尿素与不喷射尿素情况下 NO_x 排放对比结果。由图 1.3 可以看出，在不喷射尿素的情况下，国 IV 和国 V 柴油车 NO_x 排放达到了正常使用尿素条件下 NO_x 排放的 3 倍到 5

倍。另外，SCR 催化器老化，以及尿素喷射控制系统故障等问题都会导致车辆 NO_x 排放超标严重。

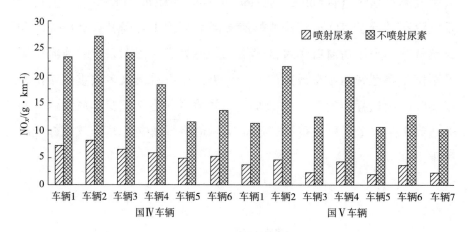

图 1.3　实测的国 Ⅳ 和国 Ⅴ 柴油车辆在正常喷射尿素与不喷射尿素情况下 NO_x 排放对比结果

目前，针对重型柴油车 NO_x 排放的常规检测方法都比较复杂，且需要较长的检测时间，不利于环保执法部门现场检测。

研究高效快捷的检测方法监测汽车排放，排查并治理高排放车辆，对降低在用汽车污染物排放总量及改善大气环境具有重要意义。

1.2.2　汽车排气污染物检测方法概述

目前，常见的汽车排气污染物检测方法主要有以下几种。

1. 工况法排放检测

工况法是指按照规定的检测工况测量汽车排放、经济性等性能的一种试验方法。工况法按照是否加载可分为有载荷工况法和无载荷工况法两种。

有载荷工况法又称为台架检测法，采用汽车底盘测功机或发动机测功机按照规定的测试循环进行加载检测，同时采用排放分析仪测量汽车或发动机的排气污染物。有载荷工况法应用于新生产汽车和在用汽车的排放检测。

无载荷工况法包括汽油车的怠速法或双怠速法，以及柴油车自由加速烟度检测方法。目前，无载荷工况法只适用于在用汽车的排放检测。

工况法排放检测，尤其是实验室台架检测法，由于试验条件可控、可重复性好且检测稳定性好，因而主要用于新生产车排放检验、产品一致性检验以及在用车排放检测等方面。但是，该检测方法也有很多缺点，如检测设备复杂且检测费用昂贵，受测功机性能限制，不能模拟车辆实际道路高速、急加速等极端工况，因而不能很好地反映车辆实际道路油耗和排放特性。

2. 车载排放检测法

车载排放检测法是将便携式排放测量系统安放在被测车辆上，通过将排气管直接连接到车载排放测量装置上，对车辆排气污染物进行直接采集，实时测量整车排放的体积浓度和排气流量，计算得到排气污染物的质量排放量和微粒数量排放等。

车载排放检测法可以在实际道路运行条件下对车辆排气污染物进行实时测量，能够反映外界环境条件变化对车辆排放的影响，得到实际运行中所有可能运行模式下的排放数据，在研究汽车实际道路排放特征方面具有很大优势。因此，车辆排放 PEMS 检测要求已被我国和欧盟纳入法规之中，美国也规定了针对重型柴油车排放的 NTE（not-to-exceed）检测方法。目前，车载排放检测法主要用于汽车排放的在用符合性检验、汽车排放因子检测研究等方面，也可以作为车辆排放隧道检测法、遥感检测方法和 OBD 检测方法等其他排放检测结果的验证方法。

3. 隧道检测法

隧道检测法采用与台架检测法的定容稀释采样系统类似的原理。实际检测时，隧道起到类似稀释通道的作用，隧道内所有车辆的污染物排放在其中扩散混合，在一段时间内，检测隧道入口和隧道出口的污染物浓度和通风量，计算隧道内车辆的总污染物排放量，结合进出隧道车辆的统计数据和隧道长度，计算基于里程的污染物排放因子。

与台架检测法和车载排放检测法相比，隧道检测法得到的车辆排放因子为车队平均排放因子，在一定程度上能够代表车队在真实道路行驶状态下整体排放水平。但这种方法很难进一步确定各种车型的排放因子。另外，由于车辆在隧道内的行驶模式与在实际道路路网中的行驶模式存在很大差距，因此，该检测方法存在很大局限性。

4. OBD 检测方法

车载诊断系统伴随着汽车电控燃油喷射技术发展而出现。2005 年，我国《轻型汽车污染物排放限值及测量方法（中国Ⅲ、Ⅳ阶段）》（GB 18352.3—2005）和《车用压燃式、气体燃料点燃式发动机与汽车排气污染物排放限值及测量方法（中国Ⅲ、Ⅳ、Ⅴ阶段）》（GB 17691—2005）两项国家标准发布实施，标准要求新生产的轻型车自国 3 阶段起、重型车自国Ⅳ阶段起必须装备有 OBD 系统。为了与新车标准保持一致，同为 2005 年发布的两项在用车检验国家标准，《点燃式发动机汽车排气污染物排放限值及测量方法（双怠速法及简易工况法）》（GB 18285—2005）和《车用压燃式发动机和压燃式发动机汽车排气烟度排放限值及测量方法》（GB 3847—2005）中明确要求在车辆年检时应当对 OBD 系统的有效性进行查验，但是 OBD 查验在各地年检中的开展情况普遍未能达到预期。

GB 18285—2005 和 GB 3847—2005 两项国家标准编制过程中，对近 2 000 辆国 3～国 5 的在用轻型车及近 500 辆国Ⅳ、国Ⅴ在用重型柴油车 OBD 系统进行检测，对车辆 OBD 接口型式及位置、OBD 指示灯及OBD 通信功能等进行检测。调查研究结果表明，尽管 OBD 检测具有很好的经济效益和成本优势，但在短期或中期内，OBD 还不能取代 I/M 方法，原因如下。

（1）部分车型的 OBD 系统不完善，存在 OBD 接口型式和安装位置不规范、OBD 指示及通信功能故障等诸多问题，需要进一步加强监管。

（2）OBD 还没有覆盖所有车型，特别是轻型国 3 标准和重型国Ⅳ标准之前的车辆大多没有加装 OBD 系统，而这些车辆往往是使用时间较久或续驶里程较长的高排放车辆。

（3）OBD-Ⅱ监控车辆排放是否超出 OBD 临界值是基于与排放相关的传感器信号，并不能真正检测车辆排放。

（4）现行排放法规规定 OBD 系统在发动机排放耐久期内功能正常，超过此行驶里程之后，虽然 OBD 系统仍然工作，但 OBD 监控功能会有所下降。

（5）现行排放法规允许 OBD 系统由于某种原因暂时停止某些监测功能，即在制造商认为 OBD 不能正常监控的条件下，可以让 OBD 监控功能临时中断。所以，存在车辆排放的监控盲区。

因此，尽管 OBD 系统具有监控排放是否超标的功能，但并不能完全取代 I/M 监管，特别是对于那些行驶里程超过排放保证期的老旧车辆。因此，OBD 检测目前是 I/M 方法的重要补充，是非常重要的检验环节。

5. 遥感检测方法

尽管在用汽车的 I/M 制度能够有效检测在用汽车排放，并筛查出高排放车。但是，由于我国现行的在用汽车年检周期一般为 1 年，部分车型延长至 2 年，新车 6 年免检，较长的时间跨度无法保证车辆在检测周期内仍能满足相应的排放法规要求。为了及时、准确地筛查高排放车辆，北京、重庆、广东等省区市陆续采用机动车排放遥感检测设备来加强机动车排放的日常监管，并出台了相关的汽车排放遥感检测标准。

遥感检测技术是一种便捷的机动车尾气排放检测技术，短时间内可以检测大量车辆。遥感检测系统组成如图 1.4 所示。

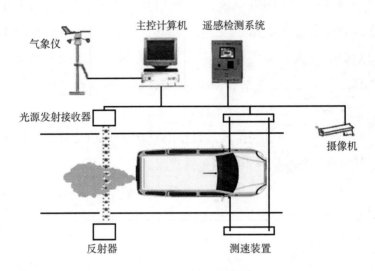

气象仪　　主控计算机　　遥感检测系统

光源发射接收器

摄像机

反射器　　　　　测速装置

图 1.4　遥感检测系统组成

遥感检测系统依据不同气体吸收光谱波长的特性不同，利用发射出的光束射线被吸收程度来测定光束通道内的特定气体的浓度，可以检测车辆 CO、HC、NO（一氧化氮）等气态排气污染物和排气烟度，同时检测车辆的行驶状态，如车速和加速度。利用摄像机将车辆的牌照摄录下来，留待执法时使用。

机动车排放遥感检测的最大优势就在于能够与定期的 I/M 制度联合使用，筛查高排放车辆，避免车辆定期检验后的私自调整和改装，并且能够检验出排放系统出现严重故障的车辆，大大增强了在用车 I/M 制度的车辆排放监管效果。

目前，汽车排放监管体系建设的趋势为新生产汽车、在用汽车标准测试方法协同优化，测试环境从实验室到实验室和实际道路并重；监管手段包括新生产汽车型式检验、在用汽车定期检验和路上抽检、OBD 监管和遥感检测的时空全覆盖。可见，遥感检测已成为一种重要的车辆排放监测手段。

1.2.3　汽车排气污染物遥感检测技术在国外的应用

汽车排气污染物遥感检测技术起源于 20 世纪 80 年代末期，1989 年美国丹佛大学研究人员采用不分光红外（NDIR）遥感检测设备测量车辆 CO 排放，对当时采用浓混合气燃烧方式的汽油车排放控制起到了积极作用。1998 年，美国麻省 Aerodyne 公司研发成功一种可用于检测移动车辆 NO 排放的可调谐红外激光差分吸收（TILDAS）方法。2001 年，美国丹佛大学和沙漠研究所分别应用排气烟度不透光度检测技术和紫外光反射探测（LIDAR）技术开发了柴油车排气烟度检测设备。至此，NDIR、UV（紫外）、TILDAS 和 LIDAR 等技术为机动车排放遥感检测系统的推广应用奠定了基础。

目前，汽车排气污染物遥感检测技术在北美、欧洲、亚洲的一些国家和地区得到了实际应用，主要的应用集中在以下几个方面。

1. 高排放车辆筛查

在通常的汽车行驶工况下，遥感检测系统可以筛查高排放车辆。美国环保署在 1996 年发布了用于筛查高排放车辆的技术指导文件《定期检测期间应用遥测控制机动车排放的技术指南》（EPA/AA/AMD/EIG/ 96 - 01）。美国得克萨斯、加利福尼亚和弗吉尼亚等州依据该技术指南应用遥感检测手段筛选高排放车辆。

典型应用还包括入境检查，将机动车排气自动遥测装置安置在城市道路入口收费站处，筛查高排放车辆，禁止高排放车辆进入城市和地区。

2. 清洁车辆排放检测豁免

利用遥测技术能筛查高排放车辆，则同样也可以筛选出排放较低的清洁车辆。对于筛选出的清洁车辆，若免除其排放年检要求，不仅方便了车主、节省了年检费用，对积极保养车辆的车主也是一种鼓励。美国环保署在1998年发布了用于豁免清洁车辆排放检验的遥感检测技术指导文件《定期检测期间进行低排放车遥测筛选的技术指南》（EPA420 - P - 98 -007）。美国密苏里州和科罗拉多州先后于2000年和2001年将车辆排放遥测设备用于清洁车辆筛查及排放检测豁免政策。

3. 机动车 I/M 制度实施效果评估

利用遥感检测技术评估目前所采取的各种汽车排气污染物控制措施和政策的实施效果。美国环保署在2002年发布了用于 I/M 项目评估的指导文件《利用遥感检测进行 I/M 制度效益评估的技术指南》（EPA420 - B - 02 -001）。美国弗吉尼亚州、俄勒冈州以及墨西哥都开展了使用机动车排放的遥感检测结果评估 I/M 制度实施效果的研究，遥感检测结果表明实施 I/M 制度地区与未实施 I/M 制度地区相比，机动车排放明显改善。

4. 车辆排放水平评估

遥感除了用于筛查高排放车辆和清洁车辆以外，还可用于车辆排放水平评估。尽管与 PEMS 检测相比，遥感捕捉的只是汽车行驶过程中的瞬时排放，排放检测数值也仅代表某特定工况下的一个小片段，但如果把成千上万的工况数据和排放检测数值汇集起来分析，会得到许多对车辆尾气监管有益的信息，可对各类机动车的排放水平进行比较，获得各类机动车排放因子和排放清单。

从2016年起，瑞士联邦环境办公室出资设立机动车遥感检测项目，整合了瑞士、瑞典、英国、法国、西班牙等地自2011年起的遥感检测结果，建立了欧洲遥感检测数据库，以便为城市层面出台排放管理措施提供数据基础，如车辆限行、收费方案、低排放区或鼓励性方案。

1.2.4　汽车排气污染物遥感检测技术在国内的应用

1996 年，我国台湾地区引入机动车排放遥感监测设备，并建立了一套包括检测流程、排放限值、超标复检等环节的管理模式。

我国香港地区也较早引入机动车排放遥测设备用于车辆排放监测，对于筛查出的高排放车辆，要求车主在 12 个工作日内到排放检测机构进行车辆检测。如果排放超标，必须维修；如果车辆维修后排放不能达标，则取消车辆牌照，并禁止该车辆上路行驶。遥感监测车型涵盖汽油车和液化石油气（LPG）车辆，柴油车不包含在遥感检测项目当中，因为柴油车排放遥感检测存在较高的误判率，柴油车排放遥感检测方法有待于深入研究。

北京市和广州市分别于 2002 年和 2005 年引入遥感检测设备进行汽车排气污染物遥感检测，随后上海、河北、广东等省区市都着手引入车辆排放遥测设备开展汽车排放遥感检测。

2007 年，浙江大学郭慧采用道路遥感监测技术对城市汽油车车队进行了排放特性研究，研究了机动车排气污染物 CO、HC 和 NO 之间的相关性，提出了基于遥感实测的燃料消耗法替代传统的基于行驶里程的排放清单计算方法。

2013 年 9 月至 10 月间，北京理工大学郑珑等人对 34 辆国 1 至国 5 排放标准的汽油车进行了 Ⅰ 型试验、简易工况、双怠速和遥感检测，分析了四种检测方法检测结果的相关性。结果表明，在相同工况下，遥测法测得的 CO 和 NO 排放结果与简易工况法（ASM）测试结果之间具有较好的相关性，但是遥测结果与 Ⅰ 型试验测试结果之间只存在相同的变化趋势，相关性较弱。

目前，各级环保部门已经开始利用机动车遥测数据协助进行高排放车筛查，并已获得较好的应用效果。中国正在建立数量巨大的汽车尾气遥感检测数据库，将成千上万的遥测数据汇集起来，进行大数据深入分析和处理，帮助环境监管部门识别高排放或低排放车、溯源排放超标车型、优化排放模型和空气质量模型、评估现行政策的有效性，为制定新政策提供数据支持。

1.3 汽车排气污染物遥感检测相关政策和法规

1.3.1 汽车排气污染物遥感检测相关政策

近年来，国家和各地政府层面日益重视大气、环境问题，相继推出促进机动车排放遥感检测应用的政策。

2016年1月1日起实行的《中华人民共和国大气污染防治法》第五十三条规定：在不影响正常通行的情况下，可以通过遥感监测等技术手段对在道路上行驶的机动车的大气污染排放状况进行监督抽测，公安机关交通管理部门予以配合。

2017年，环境保护部发布了《机动车遥感监测平台联网规范（试行）》，对监测平台应具备的功能、数据采集内容、交换内容和交换方式进行了规范要求。同时，明确提出"2+26"城市机动车遥测设备安装数量和时间要求。

2018年12月，生态环境部、国家发展改革委、工业和信息化部、交通运输部等11部门联合印发《柴油货车污染治理攻坚战行动计划》，要求推进监控体系建设和应用，加快建设完善"天地车人"一体化的机动车排放监控系统，利用机动车道路遥感监测、排放检验机构联网、重型柴油车远程排放监控，以及路检路查和入户监督抽测，对柴油车开展全天候、全方位的排放监控。"天地车人"中的"天"，指的就是遥感监测。

1.3.2　我国地方汽车排气污染物遥感检测标准

北京市较早采用遥感检测设备检测在用车尾气排放，并于 2005 年 12 月 27 日由北京市环境保护局和北京市质量技术监督局联合发布了《装用点燃式发动机汽车排气污染物限值及检测方法（遥测法）》（DB11/ 318—2005），自 2006 年 3 月 1 日起实施。此后，天津市、广东省、安徽省、山东省、江苏省、辽宁省、河北省、陕西省、重庆市、武汉市、大连市、拉萨市等地相继推广使用排放遥测设备，并且根据当地机动车使用情况发布并实施了地方性机动车排放遥测标准。机动车排放遥感检测地方标准对比见表 1.1 和表 1.2，下面从以下几个方面对比分析各地方遥感检测标准。

1. 适用范围

遥测标准适用范围主要分为两类：①M 类和 N 类装用点燃式发动机汽车；②M 类和 N 类装用压燃式发动机汽车。G 类为越野车，包含在 M 类和 N 类范围内。

2. 排放限值及其适用时间节点划分

各地遥测标准排放限值及其适用时间节点按照初次登记日期进行确定和划分。

对于装用点燃式发动机的汽车，北京市、广东省、山东省、江苏省和辽宁省遥感检测排放限值适用的时间节点为国家或地方第 I 阶段排放标准中第二类轻型汽油车生产一致性要求的实施时间；安徽省、河北省和陕西省遥测标准实施时间较晚，遥测排放限值适合实施时间背景下的整体机动车排放水平，限值适用于所有点燃式发动机汽车，未采取时间节点划分；天津市遥测标准限值适用的时间节点划分时间为国家第 IV 阶

表 1.1 国内点燃式发动机汽车遥感检测标准对比

地方标准	实施时间	适用范围	初次登记日期节点	控制项目及限值	数据有效区间	结果判定
北京市 DB11/318—2005	2006年3月1日	M类、N类、G类装用点燃式发动机车（包括燃用汽油、气体燃料、两用燃料和双燃料车，以下同）	1998年12月31日前	CO: 4.5%	VSP范围: $3\sim22$ kW·t^{-1} CO+CO_2范围: ≤21.0%	车辆通过遥测点，若检测结果小于或等于排放限值，则判定为合格；反之，如对检测结果有疑义，判定为不合格结果。机动车所有人如对检测结果公示或通知单送达之日起30日内到复检机构进行复检，最后结果判定以复检结果为准
			1998年12月31日后	CO: 2.5%		
广东省 DB44/T 594—2009	2009年4月1日	M类、N类、G类装用点燃式发动机汽车	2001年10月1日前	CO: 4.0% HC: $1\,200\times10^{-6}$	VSP范围: $0\sim20$ kW·t^{-1}	车辆通过遥测点，若检测结果小于或等于排放限值，则判定为合格；反之，如对检测结果有疑义，判定为不合格结果
			2001年10月1日后	CO: 2.0% HC: 600×10^{-6}		
安徽省 DB34/T 1743—2012	2012年12月6日	M类、N类类装用点燃式发动机汽车		CO: 2.5% NO: $1\,400\times10^{-6}$	VSP范围: $0\sim20$ kW·t^{-1}	车辆通过遥测点，若检测结果小于或等于排放限值，则判定为合格；反之，如对检测结果有疑义，判定为不合格结果。机动车所有人如对检测结果公示或通知单送达之日起到检测机构进行复检，最后结果判定以复检结果为准

续表

地方标准	实施时间	适用范围	初次登记日期节点	控制项目及限值	数据有效区间	结果判定
山东省 DB37/T 2208—2012	2013 年 1 月 1 日	M 类、N 类装用点燃式发动机汽车	2001 年 10 月 1 日前	CO: 4.0% HC: 350×10^{-6} NO_x: $3\,500 \times 10^{-6}$	VSP 范围: $0 \sim 20$ kW·t^{-1}	以车辆连续三次通过遥测点的检测结果为一组，若两次及以上检测结果小于或等于排放限值，则判定为合格；反之，则判定为不合格。机动车所有人如对检测结果公示或到指定的检测结果有疑义，应在检测通知单送达之日起 30 日之内到指定复检机构进行复检，最后结果判定以复检结果为准
			2001 年 10 月 1 日后	CO: 2.5% HC: 300×10^{-6} NO_x: $2\,500 \times 10^{-6}$		
江苏省 DB32/T 2288—2013	2013 年 6 月 10 日	M 类、N 类装用点燃式发动机汽车	2001 年 10 月 1 日前	CO: 3.0% HC: $1\,000 \times 10^{-6}$ NO: $3\,500 \times 10^{-6}$	VSP 范围: $0 \sim 20$ kW·t^{-1}	车辆通过遥测点，若检测结果高于排放限值，则判定为不合格。机动车所有人如果对检测结果有疑义，应在检测通知单送达之日起 7 个工作日内认定的仲裁检测方法公示或检测通知机构或检测通知到检测机构或环保单送达到检测机构进行复检，复检采用年检方法
			2001 年 10 月 1 日后	CO: 2.0% HC: 500×10^{-6} NO: $2\,000 \times 10^{-6}$		
辽宁省 DB21/T 2181—2013	2013 年 11 月 14 日	M 类、N 类点燃式发动机汽车	2001 年 10 月 1 日前	CO: 4.5% HC: 350×10^{-6} NO: $3\,600 \times 10^{-6}$	VSP 范围: $0 \sim 20$ kW·t^{-1}	车辆通过遥测点，若检测结果小于或等于本标准规定的相应排放限值，则判定为合格；反之，则判定为不合格。机动车所有人如对检测结果公示或单送达之日起 30 日之内到指定的检测机构机动进行复检，最后结果判定以指定检测的检测机构机动到指定 30 日之内进行复检，最后结果判定以指定检测的环境保护行政主管部门当时要求使用的标准进行检测的结果为准
			2001 年 10 月 1 日后	CO: 2.5% HC: 280×10^{-6} NO: $2\,400 \times 10^{-6}$		

续表

地方标准	实施时间	适用范围	初次登记日期节点	控制项目及限值	数据有效区间	结果判定
天津市 DB12/T 590—2015	2015年7月1日	M类、N类装用点燃式发动机汽车	2011年6月30日前	CO: 2.5% NO: $2\,000\times10^{-6}$	VSP范围: $0\sim20$ kW·t^{-1}	车辆通过遥测点，若两种污染物检测结果小于或等于排放限值，则判定为合格；若一种污染物检测结果高于排放限值，则判定为不合格。对检测结果存在疑义的，按环保主管行政部门确认的检测方法进行复检
			2011年7月1日后	CO: 2.0% NO: $1\,400\times10^{-6}$		
河北省 DB13/2323—2016	2016年2月24日	M类、N类装用点燃式发动机汽车		CO: 2.5% HC: 200×10^{-6} NO: $2\,000\times10^{-6}$	VSP范围: $3\sim20$ kW·t^{-1}	车辆通过遥测点，则判定为合格。机动车所有车如对检测结果有疑义，应在检测结果公示或单送达之日起30日内到指定的检测机构进行复检
陕西省 DB61/T 1046—2016	2016年11月1日	M类、N类装用点燃式发动机汽车		CO: 2.5% HC: 250×10^{-6} NO: $2\,000\times10^{-6}$	VSP范围: $0\sim20$ kW·t^{-1}	车辆通过遥测点，若检测结果小于或等于排放限值，则判定为合格；否则，判定为不合格

表 1.2 国内压燃式发动机汽车遥感检测标准对比

地方标准	实施时间	适用范围	初次登记日期节点	控制项目及限值	数据有效区间	结果判定
广东省 DB44/T 594—2009	2009 年 4 月 1 日	M 类、N 类装用压燃式发动机汽车	2001 年 10 月 1 日前	不透光度：30%	VSP 范围：≥0 kW·t^{-1}	车辆通过遥测点，若检测结果小于或等于排放限值，则判定为合格；反之，则判定为不合格
			2001 年 10 月 1 日后	不透光度：25%		
北京市 DB11/ 832—2011	2012 年 1 月 1 日	M 类、N 类在用柴油汽车	2005 年 12 月 29 日前外埠	不透光度：25%	加速度范围：≥0 m·s^{-2}	车辆通过遥测点，若检测结果小于或等于排放限值，则判定为合格之，如对检测结果有疑义，应在检测送达之日起 30 日内到公示或单送达的检测机构进行复检，最后结果判定以复检结果为准
			2005 年 12 月 30 日后	不透光度：15%		
安徽省 DB34/T 1743—2012	2012 年 12 月 6 日	M 类、N 类装用压燃式发动机汽车		不透光度：25%	VSP 范围：≥0 kW·t^{-1}	车辆通过遥测点，若检测结果为不合格之，则判定为不合格之，如对检测结果有疑义，应在检测送达之日起 30 日内到公示或单送达的检测机构进行复检，最后结果判定以复检结果为准

续表

地方标准	实施时间	适用范围	初次登记日期节点	控制项目及限值	数据有效区间	结果判定
山东省 DB37/T 2208—2012	2013年1月1日	M类、N类、G类装用压燃式发动机汽车	2008年7月1日前	不透光度：25%	VSP范围：≥0 kW·t⁻¹	以车辆连续三次通过遥测点的检测结果小于或等于排放限值，若两次以上检测结果为合格，则判定为合格；反之，则判定为不合格。机动车所有人如对检测结果有疑义，应在检测结果公示或通知单送达之日起30日内到指定的检测机构进行复检，最后结果判定以复检结果为准
			2008年7月1日后	不透光度：20%		
江苏省 DB32/T 2288—2013	2013年6月10日	M类、N类、G类装用压燃式发动机汽车	2001年10月1日前	不透光度：30% 林格曼黑度：2级	VSP范围：≥0 kW·t⁻¹	车辆通过遥测点，若检测结果高于排放限值，则判定为不合格。机动车所有人如果公示或检测结果通知单送达之日起7个工作日内到检测机构或环保部门认定的仲裁检测机构进行复检，复检采用年检方法
			2001年10月1日至2008年7月1日	不透光度：25% 林格曼黑度：2级		
			2008年7月1日后	不透光度：20% 林格曼黑度：2级		

续表

地方标准	实施时间	适用范围	初次登记日期节点	控制项目及限值	数据有效区间	结果判定
辽宁省 DB21/T 2181—2013	2013年11月14日	M类、N类压燃式发动机汽车	2006年7月1日前	不透光度：26% 光吸收系数：3.0 m^{-1}	VSP范围：≥0 kW·t^{-1}	车辆通过遥感测点，若检测结果小于或等于本标准规定的相应排放限值，则判定为合格；反之，则判定为不合格。机动车所有人如对检测结果有疑义，应在检测结果公示或单送达之日起30日之内到指定的检测机构进行复检，最后结果判定以指定检测机构按照省环境保护行政主管部门当时要求使用的标准进行检测的结果为准
			2006年7月1日起	不透光度：18% 光吸收系数：2.0 m^{-1}		
天津市 DB12/T 590—2015	2015年7月1日	M类、N类、G类装用压燃式发动机汽车	2013年6月30日前外埠	不透光度：25%	加速度范围：≥0 m·s^{-2}	车辆通过遥感测点，若两种污染物检测结果等于或小于排放限值，则判定为合格；若一种污染物检测结果高于排放限值的，则判定为不合格。对检测结果存在疑义的，按环境保护行政主管部门确认的检测方法进行复检
			2013年7月1日后	不透光度：15%		

续表

地方标准	实施时间	适用范围	初次登记日期节点	控制项目及限值	数据有效区间	结果判定
河北省 DB13/2323—2016	2016年2月24日	M类、N类压燃式发动机汽车		光吸收系数：2.0 m^{-1}	VSP范围：≥0 kW·t^{-1}	车辆通过遥测点，若检测结果小于或等于排放限值，则判定为合格；否则，判定为不合格。机动车所有人如对检测结果有疑义，应在检测结果公示或通知单送达之日起30日之内到指定的检测机构进行复检
陕西省 DB61/T 1046—2016	2016年11月1日	M类、N类压燃式发动机汽车		不透光度：25%	VSP范围：≥0 kW·t^{-1}	车辆通过遥测点，若检测结果小于或等于排放限值，则判定为合格；否则，判定为不合格

段排放标准中轻型汽油车生产一致性要求的实施时间。

对于装用压燃式发动机的汽车，广东省遥测排放限值适用时间节点划分为第 I 阶段排放标准中第二类轻型柴油车生产一致性要求实施时间；北京市和山东省遥测排放限值适用时间节点划分为国家或地方第 III 阶段排放标准中柴油车生产一致性要求实施时间；江苏省遥测排放限值适用时间节点采用国家第 I 阶段和第 III 阶段排放标准中柴油车生产一致性要求实施时间；安徽省、河北省和陕西省遥测标准实施时间较晚，排放限值执行无时间节点划分；天津市遥测排放限值执行时间节点划分为国家第 IV 阶段排放标准中柴油车生产一致性要求的实施时间。

3. 汽车排放遥感检测项目

对于装用点燃式发动机的汽车，主要检测气态排气污染物 CO、HC 和 NO；对于装用压燃式发动机的汽车，主要检测排气烟度，用烟度不透光度、光吸收系数或林格曼黑度表示。

4. 遥感检测数据有效性判定

遥感检测数据有效性依据车辆排放遥感检测工况范围来判定。

对于装用点燃式发动机的汽车，使用车辆比功率（vehicle specific power，VSP）来判定检测数据是否有效，大多数地区选择被测车辆 VSP 的有效区间为 $0 \sim 20 \ kW \cdot t^{-1}$；北京市选择被测车辆 VSP 的有效区间范围为 $3 \sim 22 \ kW \cdot t^{-1}$；河北省选择被测车辆 VSP 的有效区间范围为 $3 \sim 20 \ kW \cdot t^{-1}$。

对于装用压燃式发动机的汽车，使用 VSP 或加速度判定检测数据是否有效，大多数地区选择 VSP 有效区间为 $VSP \geqslant 0 \ kW \cdot t^{-1}$，北京市和天津市选择遥感检测数据有效性判定条件为加速度 $\geqslant 0 \ m \cdot s^{-2}$。

5. 遥感检测结果判定

遥感检测结果是否合格以遥感检测结果是否小于或等于排放限值来

判定，检测结果小于或等于排放限值判定为合格；反之，则判定为不合格。

对检测结果存在疑义的解决方法，大多数地区遥测标准规定按环境保护行政主管部门确认的检测方法进行复检。一般情况下，要求使用环保定期检验方法对车辆排放进行复检，最后判定结果以复检结果为准。

广东省和陕西省遥测标准中没有规定其他的仲裁方法。

1.3.3　国家汽车排气污染物遥感检测标准

国内各地制定的汽车排放遥感监测地方标准均以国家或地方新车排放标准发布实施背景条件为依据，同时结合各地不同环境因素、在用车辆群体构成情况等制定相关排放限值和检测方法，并通过相关试验检测验证所制定的遥感监测地方排放标准与国家排放标准的一致性。但分析各地的在用车辆排放遥感监测地方标准，不难发现各地方遥测限值、实施时间和判定方法等各不相同，其原因如下。

（1）遥感检测方法为非接触远程监测，汽车尾气排出后，立即在空气中扩散并被稀释，被稀释后的排气烟羽浓度的变化受空气扰动和风向、风速等因素的影响，测量排气烟羽中的各污染物浓度不能直接反映车辆的实际排放状况。并且，由于遥感监测为瞬时排放值，车辆在经过测量点位时的行驶工况、环境因素等的差异导致同一车辆进行多次监测所得测量结果不同。因此，遥感监测方法引入车辆 VSP 评价参数，确保所测得的数据在判定工况区间范围内，以提高数据的准确性，但也由于其相对苛刻的监测条件导致数据有效性不高。例如，北京市、广东省遥测地方标准均要求检测地点应设置在视野良好、路面平整的非下坡道路。车辆为单车道行驶，每辆车通过的间隔时间大于等于 1 s。车辆前后通过时间少于 1 s 的记录则不被采用。检测地点风速不得持续超过

10 m/s，环境温度为 5 ~ 45 ℃的范围，相对湿度小于 80%。

（2）不同地区在用机动车保有量中车型构成存在差异，从而不同车型行驶工况、排气管高度的不一致也会带来测量误差。

（3）不同地区道路条件、太阳高度角等在一定程度上也对遥感检测结果有影响。

尽管北京市、上海市、广东省等地相继出台并实施了遥感监测地方标准，但使用效果仍遭质疑，遥感监测数据有效性差且有较多误判案例发生，因此，各地的机动车排放遥感监测只能作为机动车尾气监测的辅助手段，用于筛选高排放、高污染车辆，作为行政处罚的依据还必须辅以仲裁检测方法。

国内各地在地理环境、道路状况、在用机动车排放水平等方面存在差异，导致制定统一的全国性机动车遥感检测标准难度较大，但仍然有必要在国家层面制定出台相关的标准和规范，协调和指导全国范围内机动车遥感检测设备的使用，规范设备技术指标、检测方法、数据处理方法及遥感监测数据联网传输方法等，以便在全国范围内建立有效的汽车尾气遥感检测数据库，利用大数据处理方法在全国范围内对机动车排放实现评估和监管。

1. 汽车尾气遥感检测设备标准

为了规范机动车排放遥感检测设备的研发、生产和使用，中华人民共和国工业和信息化部于 2014 年 5 月 6 日发布了行业标准《机动车尾气遥测设备　通用技术要求》（JB/T 11996—2014），2014 年 10 月 1 日起实施。标准适用于应用光谱吸收原理、远距离感应检测行驶中的机动车尾气排放浓度的设备，规定了机动车尾气遥测设备的分类、结构、技术要求、试验方法、检验规则、标志、使用说明书、包装、运输和贮存等具体要求。

2. 在用柴油车排气污染物遥感测量标准

为了加强柴油车污染治理，2017 年 7 月 27 日，环境保护部批准并印发了《在用柴油车排气污染物测量方法及技术要求（遥感检测法）》（HJ 845—2017），该标准明确了遥感检测定义、使用范围、测量方法、仪器安装要求、结果判定原则和排放限值等。排放限值见表 1.3。

表 1.3 排放限值

项目	烟度不透光度/%	林格曼黑度	NO[①]（体积浓度 10^{-6}）
限值	30	1 级	1 500

注：①NO 限值仅用于筛查高排放车。

标准规定了在用柴油车烟度不透光度和林格曼黑度两项指标限值，前者是通过光源检测尾气的透光性，排气烟度不透光度限值为 30%；后者是将摄像机拍摄的尾气颜色与标准烟度卡对照来判断黑度，林格曼黑度限值为 1 级。NO 排放限值为 $1\ 500 \times 10^{-6}$，用于筛查高排放柴油车。遥感检测法结果判定：连续两次及以上同种污染物检测结果超过表 1.3 标准规定的排放限值，且测量时间间隔在 6 个自然月内，则判定受检车辆排放不合格。

被判定不合格的车辆，会被通知立即维修，也可能会被要求到当地机动车排放检测机构做复检，具体措施因地而异。在车辆规定时间内不进行维修复检，或环保检验没通过就上路行驶的车辆，公安交管部门有权进行处罚。

对于柴油车，林格曼黑度的限值要求在目前地方遥测标准中只有江苏省做了要求，且规定超过林格曼黑度 2 级则为超标。HJ 845—2017 国家标准中采用了林格曼黑度检测规定并进一步强化，规定超过林格曼黑度 1 级为超标。排气烟度不透光度限值为 30%，略低于各地方限值要求。如图 1.5 所示，图中所示各地方限值为各地方标准中的最大限值。

陕西省地方标准 DB61/T 1046—2016 规定针对 M 类、N 类和 G 类

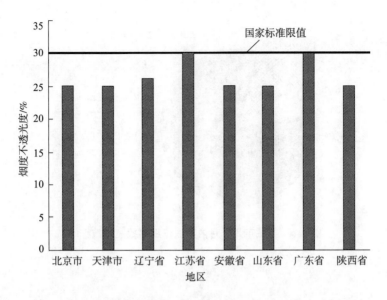

图 1.5　国家标准柴油车遥感烟度不透光度限值与地方限值比较

点燃式发动机和压燃式发动机汽车，不区分燃料类型，NO 遥感检测限值为 $2\,000 \times 10^{-6}$，意味着也适用于柴油车。HJ 845—2017 国家标准中确定 NO 排放限值为 $1\,500 \times 10^{-6}$，用于筛查高排放柴油车。

　　各地制定的地方机动车遥感检测标准中，检测结果的判定方法主要分为两类：一是采用车辆通过遥感检测点的单次检测结果进行判定；二是采用车辆通过遥感检测点的多次检测结果进行判定，如山东省采用连续 3 次有效检测结果为一组，两次通过则为合格；反之，则为不合格。对某城市 3 个月内柴油车遥感检测次数统计分析，如图 1.6 所示，被检次数为 1 次的柴油车数量占总检测量的 66.5%，两次被检车辆占总检测量的 16.0% 左右，3 次被检车辆占总数的 6.9%，频率大幅减少，筛查效率过低。因此，考虑到车辆通过遥感检测点单次检测结果存在不准确性，以及 3 次及以上被检发生概率过低无法满足有效监管要求，参照香港执法经验将判定规则确定为连续两次及以上同种污染物检测结果超过排放限值，且测量时间间隔在 180 天内，则判定受检车辆排放不合格。

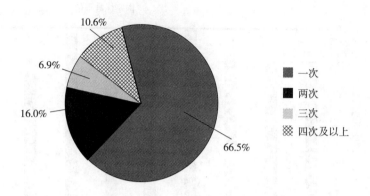

图1.6 某城市3个月内柴油车遥感检测次数统计

1.4 城市道路交通系统排放的监测和监管技术

城市道路交通系统排放的监测和监管技术是将车辆排放遥测技术、跟车检测技术和点采样技术相结合，用于汽车排放监测，并将这些非接触式检测技术与现有商业化检测技术进行对比，提高测量性能、降低成本；扩大遥感技术的应用范围，评估车辆排放水平和排放控制政策的有效性，并为消费者购买车辆提供决策参考。

城市大气污染排放遥感监测（City Air Remote Emission Sensing，CARES）项目是欧盟"地平线2020"研究和创新计划资助的研究项目，由瑞典环境科学研究院（IVL）负责协调，成员包括国际清洁交通委员会（ICCT）、约克大学（UoY）、利兹大学（UoL）、国际应用系统分析学会（IIASA）、海德尔堡大学（UHEI）、瑞士联邦材料科学和技术实验室（EMPA）等国际著名研究机构，共同研究不同遥感技术，以监测实际道路行驶中车辆排放，并应用于机动车尾气排放达标监管。

国家重点研发计划－政府间国际科技创新合作重点专项－中国和欧盟政府间科技合作项目"城市道路交通系统排放的监测和监管技术"

（2018YFE0106800）由中国环境科学研究院负责协调组织，参与单位包括清华大学、北京理工大学、中国科技大学、安徽宝龙环保科技有限公司和北京思路创新科技有限公司。项目重点解决的关键科学问题包括柴油车遥测数据反演方法、多车道遥感检测技术、跟车检测分析技术、基于传感器的 PN（微粒数量）检测技术和多源数据分析处理技术。研究利用遥感监测、跟车、道路微站等非接触式测量技术，实现排放超标车辆识别和监管。

　　本书就是本项目中汽车排放遥感检测技术相关研究成果的总结和提炼，重点阐述柴油车排气污染物遥测原理、数据反演计算方法、模型构建及遥感大数据处理方法。

1.5　本书结构和主要内容

　　本文结构和主要内容如下。

　　第 1 章，简要介绍汽车排气污染物遥感检测原理、研究背景和应用现状，以及汽车排气污染物遥感检测相关的标准和法规。

　　第 2 章，介绍汽车排气污染物危害、生成机理及影响因素。

　　第 3 章，综述汽车排气污染物检测方法及标准，包括新生产汽车和在用汽车排气污染物检测方法及标准，以及车载排放检测方法。

　　第 4 章，介绍遥测技术的光谱学原理及分析方法，以及遥感检测设备组成和工作原理。

　　第 5 章，研究汽油车排气遥感检测方法，包括标准气体遥测比对试验、遥测法与简易工况法同步比对试验、遥测法与 I 型试验测试方法及简易工况法合格率判别对比试验和基于 VSP 的汽油车尾气排放分析。

　　第 6 章，研究柴油车气态排气污染物遥感检测方法，包括：气态排气污染物和 CO_2 的浓度比、单位质量燃油消耗量的气态排气污染物排放质量、单位行驶里程或单位功率的气态排气污染物排放质量研究；柴油车气态排气污染物绝对浓度反演计算方法研究，柴油车过量空气系数脉谱模型建立及影响因素分析。

第 7 章，研究柴油车排气烟度遥测，包括排气烟度遥感测试结果与烟度不透光度检测设备测试结果对比分析，以及遥测烟度推荐限值分析。

第 8 章，研究汽车排放遥感大数据监测方法，包括汽油车和柴油车排气污染物遥感监测方法。

附录，汽车排放遥测设备技术要求及检测规程，包括遥测设备的技术要求、遥测设备的安装和使用、遥测设备校准和标定要求。

第**2**章
汽车排气污染物生成机理及影响因素

目前，汽车常规排气污染物 CO、HC、NO_x 和 PM 是排放检测和排放控制的重点。本章主要介绍这些汽车常规排气污染物的危害、生成机理及影响因素。

2.1 汽车排气污染物危害

汽车对环境的污染主要来自排气产物，汽油机的主要污染物是 CO、HC 和 NO_x。柴油机由于燃烧过程氧气（O_2）充足，因而 CO 和 HC 排放相对较低，主要的排气污染物是微粒和 NO_x。

CO 是一种无色、无味、有毒的气体，它与血液中输送氧的载体血红蛋白的亲和力是氧的 240 倍。CO 与血红蛋白结合后，剥夺了人体血液中血红蛋白为人体组织输送氧的能力，使人产生缺氧而损害中枢神经系统。当空气中的 CO 的体积分数超过 0.1% 时，就会使人中毒，导致头晕、头痛等症状，严重时甚至死亡。

HC 包括未燃和未完全燃烧的燃油、润滑油及其裂解和部分氧化产物，如烷烃、烯烃、芳香烃、醛、酮、酸等数百种成分，这些化合物进入人体后会产生慢性中毒。发动机排气中所含的 HC 总浓度比一氧化碳少。烃类的大部分对人体健康的影响并不明显，但通过对汽车尾气成分的分析得知，排气中的碳氢化合物中含有少量的醛类（甲醛、丙烯醛）和多环芳香烃（苯并芘等）。其中甲醛与丙烯醛对鼻、眼和呼吸道黏膜有刺激作用，易引起结膜炎、鼻炎、支气管炎等症状。烃类还是光化学烟雾（smog）形成的重要物质，由此造成的间接危害比直接危害更加严重，因此碳氢化合物排放的危害不容忽视。

NO_x 是 NO、NO_2 等氮氧化物的总称。内燃机排放的氮氧化物绝大多数是 NO，少量是 NO_2（二氧化氮）。NO 是无色气体，本身毒性不大，但在大气中缓慢氧化生成 NO_2。NO_2 呈褐色，具有强烈刺激气味，当空气中的 NO_2 被吸入肺内，就会在肺泡内形成亚硝酸（HNO_2）和硝酸（HNO_3），这两种酸有较强的刺激作用，导致胸闷、咳嗽、气喘甚至肺气肿等症状的疾病。此外，NO_x 还是酸雨的来源之一。值得注意的是，由于部分国Ⅳ及以上排放阶段的柴油机后处理系统中加装了氧化催化器（diesel oxidation catalyst，DOC），排气中的 NO_2 浓度有增大倾向。

HC 和 NO_x 在一定的地理、温度、气象条件下，经强烈阳光照射，会发生光化学反应，生成以臭氧（O_3）、醛类为主的过氧化产物，称为光化学烟雾。光化学烟雾的生成机理及危害如图 2.1 所示。

光化学烟雾的出现需要一定的条件：只有在汽车排放的 NO_x 和 HC 等污染物较多（包括工厂排入大气中的废气），而

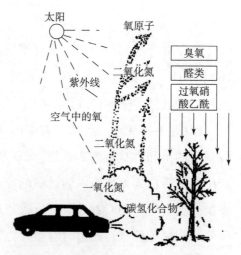

图 2.1　光化学烟雾的生成机理及危害

又处在大气流通不通畅的特殊地理环境，并具有强烈的阳光照射（如夏季的中午），才有可能产生光化学烟雾，导致空气的能见度降低。光化学烟雾具有强氧化力，会使植物受损，包括降低粮食、水果、蔬菜及经济森林的产量，破坏城市的绿地，降低树木的成活能力，使树木更易受害虫侵蚀。光化学烟雾还会破坏材料，使受力橡胶开裂。同时，光化学烟雾还会刺激人的眼睛、喉咙，对人的呼吸系统产生不良影响，与支气管哮喘、肺气肿的发病密切相关，严重时危害生命。

微粒污染主要来自柴油机，如果浓度很高，就形成黑烟。微粒的主要成分是碳及其吸附的有机物质，该类有机物有很强的致变作用，其中一些是致癌物质，如苯并芘。

近年来缸内直喷汽油机的颗粒物排放也日益引起人们的关注，直喷汽油机排放的颗粒物粒径较小，但危害与柴油机颗粒物一样，颗粒物粒径越小，吸附空气中有害物质越多，随空气进入人体后，能沉淀在人的呼吸道肺泡内，存留时间可达到数周甚至数年，对人体呼吸系统危害更大。而且有研究发现，亚微米的颗粒物甚至可以进入细胞间质和血液系统，对人体血液系统造成影响。

SO_x 是燃料中的硫燃烧后形成的，SO_x 跟 NO_x 一样，也是酸雨的主要来源，影响农作物的生长和人类健康。

内燃机排气中的二氧化碳（CO_2）是正常燃烧的主要产物，在过去并不认为 CO_2 是一种污染物。二氧化碳能吸收红外辐射，随着大气中二氧化碳含量的增加，其吸收红外辐射热量而产生的"温室效应"也相应地持续增强，由地面辐射散失的热量随之减少，从而导致地表温度上升，造成日益严重的"温室效应"，必然对全球性的气候造成不良影响。随着能源的大量消耗，二氧化碳对地球气候的影响也日益受到人们的关注。

2.2 汽油机排气污染物的生成机理及影响因素

2.2.1 汽油机排气污染物的生成机理

1. 一氧化碳的生成机理

汽车尾气中的 CO 是燃烧的中间产物，是在燃烧缺氧或者低温条件下由于燃烧不完全而产生的。理论上来说，如果空气量充分，燃料燃烧后不会产生 CO。然而在实际的汽油机燃烧过程中，燃料燃烧后生成的废气成分与理论分析结果总存在一定的差别，即使是浓混合气的燃烧产物中也总有微量的 O_2 存在，而在稀混合气的燃烧产物中也有微量的 CO。所以在发动机排气中，总会有少量的一氧化碳。一氧化碳的排放浓度主要取决于空燃比。图 2.2 所示为一氧化碳排放随空燃比的变化特性。

不带三效催化转化器的汽油机在常用工况（即部分负荷工况）下运转时，一般过量空气系数 $\alpha = 1.05 \sim 1.1$，CO 排放不多。而电控汽油机可燃混合

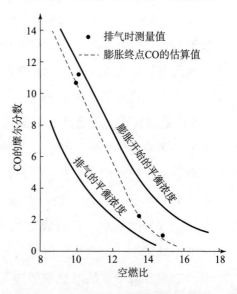

图2.2 一氧化碳排放随空燃比的变化特性

气的过量空气系数在 1 附近，为进一步降低 CO 排放，要改善可燃混合气成分的均匀性。在多缸发动机中，各气缸间空燃比的差异是 CO 排放量增加的一个原因，因为即使整机平均 $\alpha > 1$，可能仍会有个别气缸内

$\alpha < 1$，从而增加 CO 的排放量。

2. 碳氢化合物的生成机理

汽油机排气中碳氢化合物来源主要有缸壁冷激效应、燃烧室缝隙效应、不完全燃烧、润滑油膜中碳氢的吸收和解吸等。

1）缸壁冷激效应

汽油机的燃烧室表面温度比火焰低得多，因此，壁面对火焰的迅速冷却（称为冷激效应）使火焰中产生的活性自由基复合，燃烧反应链中断，导致化学反应变缓或停止。结果，火焰不能一直传播到燃烧室壁表面，而在表面残留一薄层未燃或不完全燃烧的可燃混合气，称为淬熄层。发动机正常运转时，淬熄层厚度在 0.05～0.4 mm 之间变动，在小负荷或温度较低时较厚。淬熄层中有大量醛类存在（主要是甲醛和乙醛），表明那里是燃料低温反应的温床。在正常运转工况下，淬熄层中的 HC 在火焰前锋面掠过后，大部分会扩散到已燃气体主流中，在缸内基本被氧化，只有极少一部分成为未燃 HC 排放。但在冷启动、暖机和怠速等工况下，壁面温度低，形成淬熄层较厚，同时已燃气体温度较低，缸内混合气较浓，使 HC 的后期氧化作用减弱，因此 HC 排放增加。缸壁冷激效应参见图 2.3（a）。

淬熄层厚度与壁面温度、燃烧室压力和空燃比等因素有关。实验研究表明：提高缸壁温度和燃烧室内气体压力，可使淬熄层厚度减薄，这对于降低未燃烃排放很有益处。

2）燃烧室缝隙效应

发动机燃烧室中有许多很狭窄的缝隙，如活塞、活塞环与气缸壁之间的间隙，火花塞螺纹孔缝隙，进排气门与气缸盖气门座面相配的密封带狭缝等，如图 2.4 所示，会形成燃烧室缝隙效应造成 HC 排放增加。

压缩过程中气缸内压力上升，可燃混合气被挤入各缝隙中，燃烧过程中缸内压力升高，又有未燃气被挤入各缝隙，因为缝隙具有很大的面

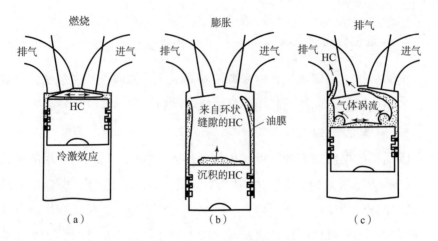

图2.3　气缸中HC的生成情况

（a）缸壁冷激效应；（b）膨胀行程末期碳氢的解吸；（c）排气行程中碳氢的解吸

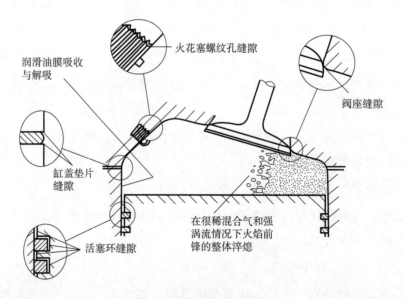

图2.4　燃烧室缝隙效应

容比，挤入的气体在淬熄作用下不能在缝隙中燃烧。在气缸压力降低的膨胀、排气行程中，被挤入缝隙中的未燃混合气又返回已燃气体当中，部分被氧化燃烧，其余大部分则以HC形式排出，虽然缝隙容积很小，但因为其中的气体压力高、温度低、密度大，流回气缸时温度已经下降，后期氧化比例小，所以会形成较多的 HC 排放。

3）不完全燃烧

发动机运转时，若混合气过浓或过稀，或者废气稀释严重，或者点火系统发生故障，则在某些情况下火花塞有可能不跳火，或者虽然点火但点火失败，或者火焰在传播过程中自行熄灭，致使混合气中的部分以至全部燃料以未燃烃形式排出，加剧了 HC 排放所造成的大气污染。

4）润滑油膜中碳氢的吸收和解吸

在进气和压缩过程中，存在于气缸壁、活塞顶及气缸盖底面上的一层润滑油膜会吸附未燃的汽油蒸气，如图 2.3（b）所示，在燃烧后膨胀和排气过程中会释放出汽油蒸气，由于释放时刻较迟，这部分汽油蒸气只有少部分被氧化，其他大部分在排气过程中形成 HC 排放。机油吸收/解吸产生的碳氢排放也是一个不容忽视的因素。

3. 氮氧化物的生成机理

汽车发动机排放的 NO_x 主要包括 NO 和 NO_2，然而迄今为止内燃机中的主要氮氧化物是 NO。NO 是在燃烧室高温条件下生成的，它是空气中的氮气和氧气发生氧化反应产生的，在汽油机和柴油机中都有，反应通常叫作扩展 Zeldovich 反应，因为 Zeldovich 首先注意到高温条件下氮原子和氧原子发生的化学反应，并提出下列反应方程：

$$O_2 \Leftrightarrow 2O \tag{2.1}$$

$$N_2 + O \Leftrightarrow NO + N \tag{2.2}$$

$$N + O_2 \Leftrightarrow NO + O \tag{2.3}$$

$$N + OH \Leftrightarrow NO + H \tag{2.4}$$

化学反应速度是温度的指数函数，这给汽油机降低 NO_x 排放提出了难题。众所周知，发动机循环热效率随最高燃烧温度的提高而提高，参见图 2.5，该图表示了热效率与 NO_x 浓度及最高燃烧温度之间的相互关系，这是在理想等容循环情况下的理论结果，这表明必须在燃烧效率和排放之间进行折中选择，需尽可能精确地进行实验和计算才能取得最佳匹配效果。

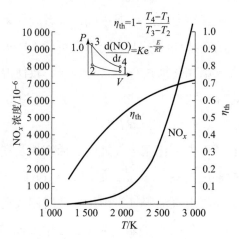

图 2.5　热效率与 NO$_x$ 浓度及最高燃烧温度之间的相互关系

2.2.2　汽油机排气污染物的影响因素

影响汽油机排气污染物排放的因素很多，以下将从汽油机排气污染物生成机理方面分析其主要的影响因素，而最终从排气管排出的 CO、HC 和 NO$_x$ 排放还受排放后处理器净化性能的影响。

1. 汽油机排气污染的主要影响参数

1）燃烧室结构参数

由于碳氢排放主要是燃烧室的冷激效应引起的，因此应尽可能减少燃烧室的表面积，降低其面容比，可减少 HC 排放量，但 CO 的排放浓度基本不受燃烧室面容比的影响。

采用紧凑型燃烧室快速燃烧，散热损失少，燃烧温度上升，HC 排放降低，但 NO$_x$ 的生成量会增加，一般通过推迟点火和采用 EGR （exhaust gas recirculation，废气再循环）等手段降低 NO_x 排放。

2）空燃比

汽油机尾气排放物受空燃比 A/F 的影响较大，图 2.6 表示的是采用均质混合气燃烧的汽油机尾气排放与空燃比之间的关系。当空燃比在 17 以上时 CO 浓度变化不大，当空燃比小于 17 时 CO 浓度就急剧增加；HC 的排放浓度也与空燃比有非常密切的关系，在空燃比约为 17 处 HC 浓度有一个最低值，混合气空燃比若比此值大或小，HC 的浓度均增加，大于 20∶1 以后由于燃烧情况变坏，HC 排放开始上升。氮氧化物是空气中的氮气和氧气在燃烧室的高温下产生的，一般来讲，在浓混合区域缺少氧，而在稀混合区域混合气温度低，所以这两种情况下，氮氧化物的生成量均下降，NO_x 峰值出现在 A/F 为 16 附近。

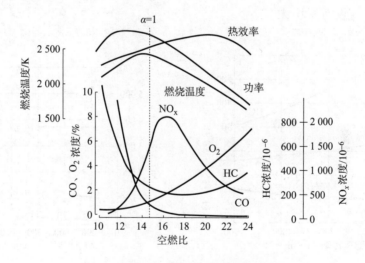

图 2.6　汽油机空燃比对尾气排放的影响

3）转速

当转速增加时，HC 排放浓度有降低趋势。这是因为转速升高增强了气缸中的气流运动与压缩涡流，同时又增加了排气的扰流和混合。前者改善了气缸内的燃烧，促进了激冷层气体与缸内燃气的混合和氧化，而后者加强了 HC 在排气系统内的氧化反应，结果都使排气中的 HC 排放量降低。

转速变化对 CO 的排放浓度的影响不大。但在怠速情况下，适当提高怠速转速，由于节气门的节流减小，进入气缸的新鲜混合气增多，缸内残余气体的稀释效应有所减弱，燃烧得到改善，HC 和 CO 的排放浓度同时降低，如图 2.7 所示。因此，目前从汽车排气净化的目的出发，怠速转速有提高的趋向。

对于不同空燃比的混合气，转速对 NO 生成速度有不同的影响，如图 2.8 所示。对于燃烧较慢的稀混合气，在点火时刻相同的情况下提高转速，燃烧大部分将在膨胀过程压力与温度不太高处进行，使 NO 的生成速度减小。而对于燃烧较快的浓混合气，转速提高后，由于气体在气缸内的扰动加强，火焰传播速度加快，同时也减少了热损失，使得 NO 的生成速度有所增大。

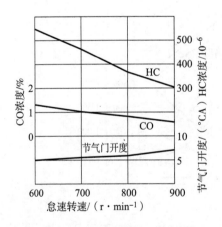

图 2.7 怠速转速对 CO 和 HC 排放的影响

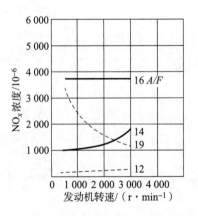

图 2.8 转速对 NO 排放浓度的影响

注：进气管压力 98 kPa，点火提前角 30°，压缩比 6.7。

4）负荷

汽油机负荷对排放有较大影响。由于汽油机混合气燃烧采用点燃方式，混合气需要满足一定的空燃比要求，因此汽油机在不同负荷下需借助节气门调节进气量。

在小负荷工况，节气门开度小，残余废气对新鲜混合气的稀释作用严重，为了稳定燃烧，一般需要供给偏浓的混合气，因此小负荷工况下 HC 和 CO 的排放浓度较高；而由于小负荷工况下混合气偏浓且燃烧温度较低，因此 NO 排放浓度相对较低。

随着负荷增大，缸内混合气由较浓逐渐过渡到理论空燃比，以利于燃烧和提高三元催化器对排放的净化效率，HC 和 CO 的排放降低，而 NO 排放由于燃烧温度升高且混合气中氧浓度升高有升高趋势。当进入大负荷直到全负荷工况下，混合气加浓，HC 和 CO 的排放有升高的趋势。此时尽管燃烧温度升高，但由于混合气加浓，NO 排放升高趋势得到抑制。

5）点火时刻

点火提前角减小可以降低未燃烃的排放浓度，这主要是由于推迟点火提高了排气温度，促进了燃烧后期及排气行程中 HC 的氧化。

点火提前对 CO 的排放浓度没有多少影响，因为 CO 是不完全燃烧的产物，主要取决于混合气的浓度。但是过分推迟点火，也会使 CO 没有足够时间氧化，而引起 CO 排放量升高。

点火正时强烈影响汽油机的 NO_x 排放量。在任何负荷与转速下，加大点火提前角，均使 NO 浓度增加。而推迟点火使最高燃烧温度降低，NO_x 的生成量减少。图 2.9 所示为不同空燃比 A/F 下，NO 的体积分数随点火提前

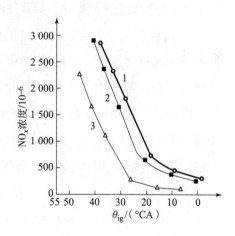

图 2.9　点火正时对排气中 NO 浓度的影响

1—空燃比 15∶1；2—空燃比 16∶1；

3—空燃比 17∶1

角的变化趋势。随着点火正时从各曲线左端 MBT（minimum advance for best torque，最大转矩的最小点火提前角）工况点开始向上止点方向推迟，NO 的体积分数不断下降，但当其绝对值很小时，下降速率趋缓。因此从降低 NO 排放的角度出发，可以采用减小点火提前角、降低最高循环温度的方法，但推迟点火使发动机后燃增加、排气温度升高，有损于发动机的燃油经济性和动力性。

需要强调的是，点火系的工作状况对排放也有很大的影响，如果点火系工作不正常，则可能引起缸内混合气"失火"，使 HC 排放急剧增加，严重时会造成三元催化器过热损坏。因此，汽油机采用 OBD 系统对点火系的"失火"进行严格监测。

2. 汽油车瞬态工况排放特性

汽油车在实际行驶过程中常出现瞬态运行工况，如启动、暖机、怠速、加速、减速等工况，汽油机转速和负荷瞬态变化，零部件的温度以及工作循环参数也不断变化，导致汽油机排放与稳定工况往往有很大不同。

（1）启动。对于典型的进气道喷射汽油机，常温启动时，由于进气系统和气缸温度低，汽油蒸发困难，较多的汽油沉积在进气管壁或气缸壁上，造成油气混合不好，因此需要增加供油量，供给较浓的混合气，以便使汽油机能顺利启动。汽油车冷启动或常温启动时通常会产生较高的 CO 排放。并且，没有完全燃烧的燃料被排出气缸，造成 HC 排放增加。由于燃烧温度低及混合气较浓，启动时的 NO_x 排放量很低，如图 2.10（a）所示。而当汽油机热启动时，CO、HC 排放浓度与常温启动相比明显降低，而 NO_x 排放升高。原因是汽油车热启动时汽油机零部件温度较高，燃油雾化及混合气形成质量提高，燃烧过程明显改善，因此，CO、HC 排放浓度降低。而随着燃烧温度提高，NO_x 排放量增加，如图 2.10（b）所示。

（2）暖机。汽油机冷启动或常温启动以后，需要发动机运转一段

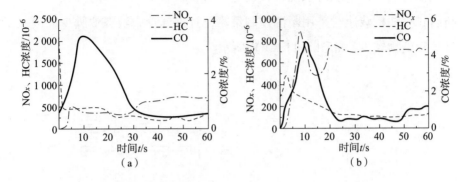

图 2.10　汽油机启动工况的 CO、HC 和 NO$_x$ 排放特性

（a）常温启动工况；（b）热启动工况

时间，冷却系、润滑系及主要零部件才能达到正常工作温度，这段时间内的发动机运转过程称为暖机。这时仍需要供给较浓的混合气，以弥补燃油在气缸壁和进气管壁上的冷凝。这时 CO 和 HC 的排放仍然较高，NO$_x$ 排放随着缸内燃烧温度的提高逐渐增加。

（3）怠速。汽油机怠速时，通常也需供给较浓的混合气，排气中含有较多的 CO 和 HC；由于怠速时燃烧温度低和废气的稀释作用，NO$_x$ 生成量较低。

（4）加速。加速工况下，早期化油器式汽油机往往供给很浓的混合气，造成较高的 CO 和 HC 的排放。而电控喷射式汽油机由于空燃比控制精度的提高、燃油雾化及燃烧质量改善，不产生过浓的混合气，尽管 HC、CO 排放有增加趋势，但相比化油器式汽油机，CO 和 HC 的排放显著降低，如图 2.11（a）所示；由于燃烧室内压力和温度提高，NO$_x$ 排放也有增加趋势，但由于加速工况下一般供给偏浓的混合气，氧含量降低，NO$_x$ 生成受到抑制。

（5）减速。车用汽油机减速工况就是节气门关闭，发动机处于强制怠速状态，内燃机由汽车反拖，在较高转速下空转。化油器式内燃机如果没有特殊措施，由于进气管中突然的高真空状态，进气管壁上的液态燃油将蒸发，形成过浓混合气而造成较高的 CO 和 HC 的排放。电控喷射式汽油机减速时采用断油控制策略，且进气管中液态油膜少，因此排放污染物较少，如图 2.11（b）所示。

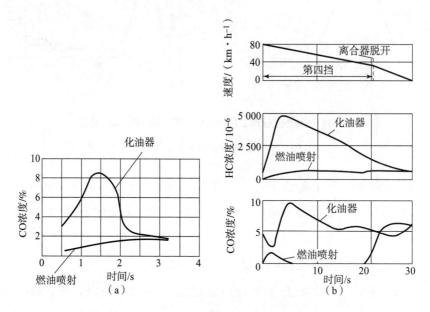

图 2.11　汽油机瞬态工况排放特性

（a）加速工况；（b）减速工况

3. 汽油机排气污染控制技术

汽油机排气污染控制技术包括机内净化技术和机外净化技术。

机内净化技术，主要是改善汽油机的燃烧过程，尽可能在缸内降低污染物排放。汽油机机内净化技术包括采用电控燃油喷射、电控点火及爆震控制、多气门可变进气系统、电控 EGR 技术、增压中冷、汽油机稀燃－速燃技术、汽油机缸内喷射分层燃烧技术及采用高压缩比的紧凑型燃烧室等；另外就是燃料改进，采用改制汽油、天然气、液化石油气、甲醇（乙醇）、氢气等代用燃料；再有就是采用混合动力技术，尽可能地使汽油机在高效区工作，以提高经济性及降低排放。

机外净化技术，主要是采用三元催化器或 NO_x 吸储型催化器。

随着节能和环保要求的提高，汽油机排放控制新技术不断采用，发展过程和趋势如图 2.12 所示。

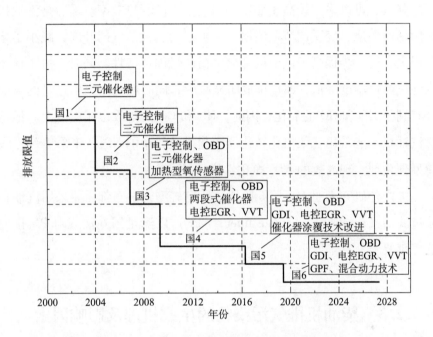

图 2.12　汽油机排放控制技术发展过程和趋势

从国 1 排放标准开始，汽油车采用电控燃油喷射技术和三元催化器。三元催化器高效工作的条件是汽油机供给理论空燃比 14.7∶1 的混合气，因此必须采用空燃比闭环电子控制，才能进一步降低汽油机排放。随着排放法规日益加严，三效催化器技术水平不断提高，尤其是催化剂配方日益改进。

近年来，稀薄燃烧汽油机市场份额不断扩大，稀燃方式使汽油机可燃用较稀薄的混合气，油耗明显下降，这主要缘于几个方面的原因：首先是稀薄混合气燃烧时循环热效率提高，汽油机的实际循环接近于定容加热循环，由定容加热循环的指示热效率与压缩比和绝热指数的关系可以看出，提高工质的绝热指数和压缩比有利于提高指示热效率。随着可燃混合气的空燃比提高，空气占比增加，因此工质的绝热指数逐渐接近于空气的绝热指数。其次是稀燃温度低，燃烧产物的离解损失减小，并且降低了与气缸壁的传热，使热效率得以提高。同时，稀燃汽油机爆燃倾向降低，可以采用较高压缩比，进一步提高了热效率。最后是汽油机采用稀薄燃烧，变质调节范围增大，可采用更大节气门开度，减小了泵气损失，进一步提高了汽油机部分负荷的燃油经济性。同时，由于稀燃汽油机燃烧温度降低，NO_x 排放明显减少，同时燃烧产物中过量的氧成分有利于 HC 和 CO 的氧化，因此，HC 和 CO 的排放也相应减少。但稀燃汽油机不能采用三效催化转化器净化排放气中的 NO_x，多采用 NO_x 吸储型催化剂实现高效的 NO_x 净化性能。

国内外研究表明，至国 6 阶段，所有轻型汽油车都需要采用汽油颗粒过滤器（gasoline particulate filter，GPF）以满足国 6 法规对 PN 排放的控制要求。

2.3 柴油机排气污染物的生成机理及影响因素

2.3.1 柴油机排气污染物的生成机理

柴油机排放的主要污染物是一氧化碳、碳氢化合物、氮氧化物和微粒。由于柴油机燃料特性、缸内混合气形成方式和燃烧方式与汽油机不同，柴油机的排气有害物呈现出与汽油机不同的特点。对于工作正常的发动机，在排气没有净化处理之前，其有害气体排放物占排气总量的比例为：汽油机约占 5%，柴油机占 1%。柴油机排气中的 CO 和 HC 浓度均比汽油机低，并且通常情况下柴油机的 NO_x 排放也略低于汽油机，见表 2.1。然而柴油机微粒排放要比汽油机多得多，它对环境的污染最容易看出，因而最容易引起公众的指责。

表 2.1　相同排量的车用汽油机与柴油机的典型排放值（均未加污染控制措施）

浓度	汽油机	柴油机
CO	0.5% ~ 2.5%	< 0.2%
HC	0.2% ~ 0.5%	< 0.1%
NO_x	0.2% ~ 0.5%	< 0.25%
SO_2	0.008%	< 0.02%
碳烟	0.000 5 ~ 0.05 g·m^{-3}	< 0.25 g·m^{-3}

柴油机排气污染物的生成机理简述如下。

1. 一氧化碳的生成机理

柴油机的 CO 生成原因与汽油机一样，都是燃料不完全燃烧，但与汽油机相比，其排放量要少得多。虽然柴油机燃烧时，过量空气系数总是大于 1，其平均过量空气系数 α 大多数情况下在 1.5 ~ 3 之间，但由于混合气不均匀、局部缺氧，因此柴油机排放产物中总存在少量的 CO。

在柴油机燃烧过程中，CO 的生成和消失过程比较复杂。在燃烧早期，一般认为 CO 是在过稀不着火区与稀火焰区的边界形成的。在稀火焰区，氧浓度和温度都有利于 CO 的消除反应，所以 CO 极少。喷注中心和壁面附近的燃油燃烧时生成 CO 的反应速度很高，随后的消除反应则取决于局部氧浓度、混合状况、局部气体温度和氧化时间等因素。

2. 未燃碳氢化合物的生成机理

柴油机 HC 生成原因与汽油机相比有很大区别，由于柴油机燃油在燃烧室中的停留时间比汽油机短得多，因而受壁面冷激效应、缝隙效应、油膜吸附及沉积物吸附作用较小，这是柴油机 HC 排放较低的主要原因之一。

柴油喷注外缘与周围空气混合过度造成的过稀混合气区是柴油机未

燃 HC 排放的主要来源，如图 2.13 所示。在喷注前缘（下风）最外层为过稀混合气区，由于混合气太稀不能着火或难以维持燃烧，所以称其为稀火焰熄灭区，又称稀熄火区。在该区，会有某些燃油受热分解并形成部分氧化产物。稀熄火区的厚度取决于燃烧时燃烧室中的温度、压力、空气涡流、燃料性质等因素。一般来说，较高的温度和压力可使火焰延伸到较稀的混合气，而减少稀火焰区的厚度。在喷注其余部分燃烧时，温度和压力升高。这样由于燃烧仍在进行，气缸内压力和温度时刻变化，因此稀熄火区的厚度也在变化。

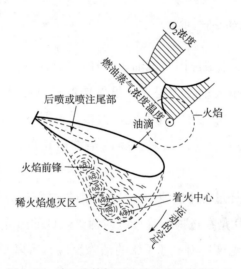

图 2.13 喷入旋转气流的燃油喷注燃烧机理

而在喷油后期的高温燃气氛围中，可能因为油气混合不足使混合气过浓，或者由于燃烧淬熄产生的不完全燃烧产物随排气排出，但此时较重的 HC 多被碳烟吸附，构成微粒的一部分。

这里还要专门讨论一下喷油器的残油腔容积对 HC 排放的影响，该容积是指喷油器嘴部针阀座下游的压力室容积，加上各喷油孔道的容积，在喷油结束时，这个容积仍充满柴油。在燃烧后期和膨胀初期，这部分被加热的柴油部分汽化，并以液态或气态低速穿过喷嘴孔进入气缸，缓慢地与空气混合，从而错过主要燃烧期。研究证明，残油腔容积中柴油大概有 1/5 以未燃 HC 的形式排出。

3. 氮氧化物（NO_x）的生成机理

与汽油机一样，柴油机气缸内最高燃烧温度对 NO 的生成具有较大的影响。另外，在燃烧过程中最先燃烧的混合气量对生成 NO 数量影响显著。研究表明，柴油机几乎所有的 NO 都是在燃烧开始后 20°（CA）内生成的，因为在这期间内最初形成的混合气燃烧且被压缩时温度会升到较高值，从而增加 NO 的生成量。然后，这些燃气在膨胀行程中发生膨胀，与空气或温度较低的燃气相混合，冻结了已生成的 NO 量。在燃烧室中存在温度低的空气是柴油机燃烧的独特之处，这就是柴油机中 NO 成分冻结发生的时刻比汽油机早，且柴油机生成的 NO 分解倾向较小的主要原因。

4. 颗粒的生成机理

柴油机微粒排放是指柴油机排气时向大气环境中排出的微粒，这种微粒是指除气态物质和水以外，所有存在于接近大气条件的稀释排气中的分散物质。英国里卡多（Ricardo）研究所给柴油机微粒下的定义是："柴油机排气微粒是指经过空气稀释后的排气，在低于 52 °C 温度下，在涂有聚四氟乙烯的玻璃纤维滤纸上沉积的除水以外的物质。"

柴油机排出的微粒物质比汽油机多得多。其中碳烟微粒排放要比汽油机高出 30～80 倍。汽油机的微粒排放主要是一些硫酸盐及一些低分子量的物质。相对而言，柴油机的排气微粒成分要复杂得多，它是一种类石墨形式的含碳物质并凝聚和吸收了相当数量的高分子有机物。

柴油机微粒排放包括平时所说的白烟（白色蒸汽云）、蓝烟（蓝色烟雾）和碳烟（黑烟），其中白烟和蓝烟具有较高的 H/C，是类油状物质，主要成分是未燃烧的燃油微粒；蓝烟内还有未燃烧的来自窜缸的润滑油微粒。白烟微粒直径在 1.3 μm 左右，通常在冷启动和怠速时发生，暖机后消失。蓝烟直径较小，在 0.4 μm 以下，通常在柴油机尚未完全预热，或低温、小负荷时产生，在发动机正常运转后消失，白烟和蓝烟没有质的区别，只是由于微粒直径大小不同，经光照射后显色不同。

碳烟生成的条件是高温和缺氧，尽管柴油机缸内燃烧总体是富氧燃烧，但由于柴油机混合气极不均匀，局部的缺氧会导致碳烟的生成。一般认为碳烟形成的过程如下：燃油中的烃分子在高温缺氧的条件下发生部分氧化和热裂解，生成各种不饱和烃类，如乙烯、乙炔及其较高的同系物和多环芳香烃。它们不断脱氢、聚合成以碳为主的直径 2 nm 左右的碳烟核心。气相的烃和其他物质在这个碳烟核心表面凝聚，以及碳烟核心互相碰撞发生凝聚，使碳烟核心增大，成为直径 20～30 nm 的碳烟基元。最后，碳烟基元经过聚集作用堆积成直径 1 μm 以下的球团或链状聚集物。

图 2.14 表示了柴油机碳烟生成的温度和过量空气系数 α 条件，以及柴油机上止点附近各种 α 的混合气在燃烧前后的温度。可见 α ＜ 0.5 的混合气，燃烧以后必定产生碳烟。在图 2.14（a）右上角也标出了在各种温度和 α 下燃烧 0.5 ms 后的 NO 浓度。要使燃烧后碳烟和 NO 很少，混合气的 α 应在 0.6～0.9 之间，空气过多则 NO 增加，空气过少则碳烟增加。

柴油机混合气在预混合燃烧中的状态变化见图 2.14（a）中的箭头方向。在预混合燃烧中，由于燃油分布不均匀，既生成碳烟，也生成 NO，只有很少部分燃油在 α ＝ 0.6～0.9，不产生碳烟和 NO。所以为降低柴油机污染物排放，应缩短滞燃期和控制滞燃期内的喷油量，使尽可能多的混合气的 α 控制在 0.6～0.9 之间。

扩散燃烧中的混合气状态变化见图 2.14（b）中的箭头方向，曲线上的数字表示燃油进入气缸时所直接接触的缸内混合气的 α。从图 2.14 中可以看出，喷入 α ＜ 4.0 的混合气区的燃油都会生成碳烟。在温度低于碳烟生成温度的过浓混合气中，将生成不完全燃烧的液态 HC。为减

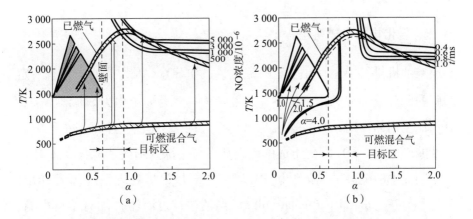

图 2.14　柴油机燃烧中生成碳烟和 NO 的温度以及过量空气系数条件

（a）预混合燃烧过程的混合气状态变化；（b）扩散燃烧过程的混合气状态变化

少扩散燃烧中生成的碳烟，应避免燃油与高温缺氧的燃气混合，强烈的气流运动及燃油的高压喷射都有助于燃油与空气的混合。喷油结束后，燃气和空气进一步混合，其状态变化如图 2.14 上的虚线箭头所示。

在燃烧过程中，已生成的碳烟也同时被氧化，图 2.14（b）的右上角表示了直径 0.04 μm 的碳烟粒子在各种温度和 α 条件下被完全氧化所需要的时间 t。这种碳烟在 0.4 ~ 1.0 ms 之间被氧化的条件与图 2.14（a）右上角表示的大量生成 NO_x 的条件基本相同。可见加速碳烟氧化的措施，往往同时带来 NO_x 的增加。因此为了能同时降低 NO_x 的排放，控制碳烟排放应着重控制碳烟的生成。

柴油机排出微粒质量的 90% 小于 1 μm，80% 以上小于 0.4 μm，其沉降速度极慢，在大气环境中有很长的寿命，对人体危害极大。特别是其吸附的有害物质所造成的危害比碳粒子本身的危害更大。被含碳物吸附和凝聚的有机物，包括未燃烧的燃油和润滑油成分以及不同程度的氧化和裂解产物。这些有机物质在一定温度下能够挥发，而且绝大部分可以溶解于一定有机溶剂而得到有机萃取物，这些萃取物亦称可溶性有机物，它们在微粒中的含量变化范围很广，可以在 9% ~ 90% 的范围内变化，其具体含量决定于燃油性质、发动机类型和运转工况等。

5. 硫化物的生成机理

柴油机排气中还存在一定的硫化物，如 SO_2，因为柴油中含有一定的硫的成分。柴油机排出的 SO_2，在空气中会缓慢转化为 SO_3，如果有氧化催化剂的作用，会快速转化为 SO_3。SO_2 是无色气体，是一种中等程度的刺激剂。SO_2 氧化生成的硫酸盐微粒会深入肺内造成长期影响。

柴油中的硫会增加柴油机 PM 排放，对排放后处理系统包括 DOC、SCR 和 DPF（diesel particulate filter，柴油颗粒过滤器）均有不良影响，因此低硫或无硫柴油是未来柴油燃料的必然选择，目前国内国 6 柴油中的硫含量已降至 10×10^{-6}。

2.3.2 柴油机排气污染物的影响因素

柴油机包括直接喷射式和非直接喷射式两种型式。直接喷射式柴油机和非直接喷射式柴油机的燃烧过程与排放物产生的大部分机理是相同的，因此本书在分析柴油机有害物的形成机理和影响因素时，主要以直接喷射式柴油机为例进行说明。

1. 负荷（空燃比）

柴油机功率调节方式采用的是质调节，在转速不变时，可以认为每循环进入气缸的空气量基本不变，通过控制循环喷油量的大小实现负荷的调节，即输出功率调节。图 2.15 所示为某六缸柴油机不同负

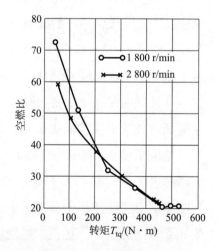

图 2.15 某六缸柴油机不同负荷下空燃比的变化特性

（直喷式自然吸气柴油机，6×102 mm × 118 mm，压缩比 $\varepsilon = 16.5$）

荷下空燃比的变化特性，随着柴油机输出转矩增大，缸内喷油量增加，空燃比从 70 左右降至 20 左右，对应的过量空气系数从 5 左右下降至 1.4 左右。

　　由于 HC 主要产生于过稀的混合气，因此，小负荷工况下过稀不着火区的 HC 排放增加，且缸内的温度低造成氧化反应不足。一般来说随着柴油机负荷增大，喷油量增加，燃油喷注中过稀不着火区中的燃油量减少，HC 排放呈下降趋势，如图 2.16 所示。如果接近全负荷，喷注心部和沉积于壁面上的燃油量增多，且最后喷入气缸中的部分燃油反应时间较短，加上空燃比减小使氧的浓度降低，又促使 HC 的消除反应减弱，HC 有增加趋势。

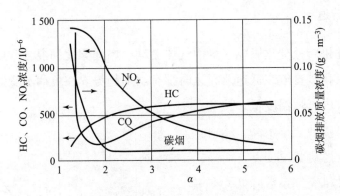

图 2.16　直喷式柴油机污染物排放量与过量空气系数的关系

　　由于 CO 是燃料不完全燃烧的产物，它的生成量主要取决于柴油机的负荷。在小负荷条件下，因为缸内气体温度不高，氧化作用较弱，过稀不着火区边缘附近形成的 CO 较多。当负荷增大时（空燃比减小），由于气体温度升高和消除反应的作用，CO 的排放量减少。但随着负荷增大，空燃比降到某一限度，接近冒烟界限（$\alpha = 1.2 \sim 1.3$）时 CO 才急剧增加，如图 2.16 所示。

　　空燃比对 NO 排放的影响主要体现在温度和氧浓度两方面，如图 2.16 所示，随着空燃比减小，喷油量增加，在大多数空燃比情况下，对 NO 排放起决定性作用的因素是温度，随燃烧温度升高，NO 排放浓度增加。但是当空燃比降至较小值时，由于氧浓度降低，NO 的浓度不增加，反而出现下降趋势，其原因是此时氧的浓度起了决定性的作用，尽管燃烧温度升高，但燃气中的氧浓度降低，抑制了 NO 生成。

柴油机碳烟生成的条件是高温和缺氧，因此柴油机空燃比减小，柴油机冒烟倾向增加。柴油机碳烟生成受柴油机燃烧过程影响较大，因此柴油机燃烧系统更加重视油、气、室配合，优化燃烧室结构、提高喷油压力、采用多孔喷嘴、减小喷孔直径、加大气流运动、提高柴油雾化质量均有助于燃油和空气的空间混合，改善燃烧状况，可以有效降低柴油机微粒排放，但同时会使 NO_x 的生成量增加。

2. 转速

柴油机转速变化影响气缸内气体流动、燃油雾化和混合气质量的变化，一氧化碳排放在低速及高速时都有增加趋势。在负荷不变时，低速时由于缸内燃烧温度低，柱塞式喷油泵喷油速率不高，燃料雾化差，燃烧状况变差；而高速时柴油机充气系数降低，在较短的时间内，燃油空气混合和燃烧状况变差，燃烧不完全，一氧化碳排放升高。如图 2.17 所示。

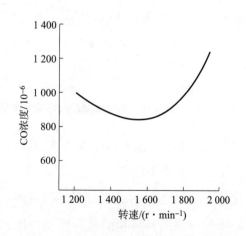

图 2.17 柴油机 CO 排放随转速变化特性

转速对 NO 排放浓度的影响如图 2.18 所示，直接喷射式柴油机在某一中等转速运转时，NO 排放浓度最大，而采用预燃式或涡流式的分隔式燃烧室柴油机 NO 排放浓度随转速提高而稍有提高。

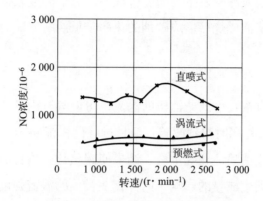

图 2.18　转速对 NO 排放浓度的影响

3. 喷油时刻

喷油提前角增大，碳氢排放有增加趋势，其中一个原因是喷油提前时，发火延迟期加长，可使较多的燃油蒸气和小油滴被旋转气流带走，从而产生一个较宽范围的过稀不着火区；另一个原因是碰撞到壁面上的燃油增多。

喷油提前角增大，柴油机预混合燃烧比例会增加，因而 NO 排放增加。其主要原因是当喷油提前时，燃料将在较低的压力与温度下喷入，会使发火延迟期延长，这样就有较多燃料在循环早期燃烧，结果使 NO 排放浓度增加。因此，推迟喷油是减少 NO 排放的有效措施，但是喷油推迟会引起柴油机烟度增加、功率降低，需提高喷油压力并缩短喷油持续期。

对于直喷式柴油机，当其他参数保持不变时，提前喷油或者非常迟后喷油，均可以降低微粒排放。原因是喷油提前时发火延迟期延长，因此燃料发火前的喷油量较多，循环温度升高，燃烧过程结束较早，有利于降低微粒排放，但是喷油提前时，一般会导致产生较大的燃烧噪声，使机械负荷与热负荷加大，NO 排放增加；非常迟后的喷油也可以使微粒排放下降，原因是非常迟后的喷油导致预混合燃烧量下降、燃烧过程延迟，扩散火焰大部分发生在膨胀行程中，火焰温度较低，致使在这样条件下喷入的柴油燃烧后形成碳烟的速率降低。

4. 涡流

适当加强直接喷射式柴油机的涡流，可使气缸内部的油气混合过程和 HC 的氧化过程同时得到改善；但是过强的涡流将会产生一个较宽的过稀不着火区或使喷注相互重叠，结果使碳氢化合物排放量增加。

对一氧化碳生成量的影响，同样存在最佳的涡流强度范围，在最佳涡流条件下，柴油机燃油经济性最佳且 CO 排放量最低，这是因为良好的混合使 CO 消除反应得到改善。

进气涡流强度对 NO 排放浓度的影响也比较大，随着进气涡流增强，NO 排放浓度增加。这是由于燃料与空气的混合气形成有所改善，反应速度加快，因而促使了 NO 形成的缘故。

加大缸内涡流对降低微粒排放有利，因为缸内涡流增强有助于燃油和空气的空间混合，使局部缺氧状况得到改善，改善柴油机燃烧状况，减少了微粒生成量。

5. 废气涡轮增压

在任何空燃比条件下，废气涡轮增压除对喷注的形成有影响以外，还使整个循环的平均气体温度升高，从而使排出的碳氢化合物浓度在相同的氧浓度下有所下降。这是因为循环平均温度的升高可以加快氧化反应速率，这种作用又被排气歧管和涡轮增压器内的再氧化反应加强。因此废气涡轮增压能降低碳氢化合物的排放浓度，这一点对直接喷射和间接喷射柴油机的影响都一样。同样，对降低 CO 排放也有益处。

废气涡轮增压使进气压力提高，在中小负荷情况下，提高进气压力，相当于提高空燃比，使燃气温度降低，对 NO 的生成起抑制作用，这说明在一般情况下，采用增压技术，对于降低 NO 排放是有益的。但随着柴油机负荷增大，喷油量增加，燃烧温度升高，NO 排放将逐渐升高，这是由于压缩温度升高引起的局部反应温度升高，对 NO 的形成起了促进作用。因此在高增压柴油机中，采用中冷器使进气温度尽可能降低，可进一步提高功率，且可以较好地抑制 NO 生成。

由于增压发动机混合气变稀，增压柴油机的烟度会有所下降（以提高喷油速率、保证喷油时间不过度拉长为前提），但是增压柴油机的加速冒烟和低速转矩下降问题应予以解决。

6. 燃料的十六烷值

燃料的十六烷值对 NO 排放有较大的影响，十六烷值低的柴油，发火延迟期较长，燃烧开始时，在稀火焰区有较多的燃油在循环早期燃烧，从而产生较高的气体温度，使稀火焰区形成较多的 NO。

燃料的十六烷值较高时，柴油机具有较大的冒烟倾向，原因是十六烷值高的燃料稳定性较差，在燃烧过程中易于裂解，使碳烟的形成速率较高。但是过分降低十六烷值来降低微粒排放是得不偿失的，因为这样会使柴油机工作粗暴。

2.3.3　柴油机过渡工况排放特性

1. 冷启动过程柴油机排放特性

柴油机冷启动时，燃油喷注中有部分燃油以液态分布在燃烧室壁上，在燃油自燃之前，喷入缸内的燃油会以未燃 HC 的形式直接排出气缸。喷入燃油开始燃烧以后，吸附在壁面上的燃油也不能完全燃烧，有一部分在蒸发后被排出，因此，柴油机冷启动时 CO 和 HC 排放相对较多，高浓度 HC 排放表现为白烟。

2. 加速过程柴油机排放特性

加速过程对柴油机工作过程的影响小于汽油机，非增压柴油机的正常加速几乎是各稳定工况的连续。涡轮增压柴油机突加负荷时，涡轮增压器反应滞后，需要一段时间才能达到高负荷所对应的增压器转速和增压压力。如果未采取专门措施，机械控制式增压柴油机常会加速冒黑烟。

3. 减速过程柴油机排放特性

柴油机减速时不喷油或只喷怠速所需的油量，排放问题不大。

2.3.4 柴油机排放控制技术

柴油车较高的 NO_x 和 PM 排放，使其成为当前机动车污染防治的重点。针对柴油车污染物的排放法规不断加严，目前已执行国 VI 阶段排放法规。国 I ~ 国 V 阶段柴油车排放法规的排气污染物限值及测试方法与欧 I ~ 欧 V 阶段相当。我国 VI 阶段排放法规强化了 OBD 监管及远程 OBD 监控要求，使国 VI 法规比欧 VI 法规更为严格，这无疑使柴油机生产企业面临更为严峻的挑战。柴油机排放控制技术随着排放法规的加严不断改进和发展，如图 2.19 所示。

如图 2.19 所示，国 II 及国 II 排放阶段之前的柴油车发动机一般采用机械控制即可满足排放标准要求；从国 III 阶段开始需要采用电子控制燃油喷射技术和废气再循环技术，国 IV 及以上排放阶段的柴油机则需要采用机内净化技术配合排放后处理技术。

柴油机机内净化方法主要有电控高压喷射技术、电控 EGR 技术、多气门可变进气系统、增压中冷、可变涡流控制技术及优化燃烧室结构等。目前柴油机企业已着手开发匹配喷射压力为 200 MPa 以上的高

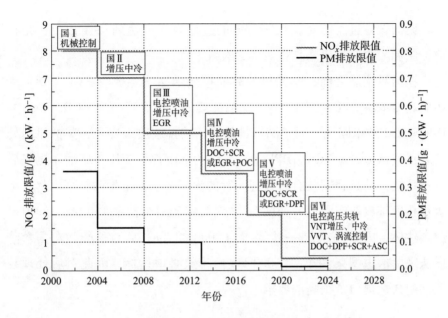

图 2.19　柴油机排放控制技术

压共轨系统，一些企业的超高压燃油喷射系统喷射压力可达 250 ~ 300 MPa。

目前，已经成熟应用于柴油机的排放后处理装置主要有柴油颗粒过滤器、选择性催化还原系统以及辅助使用的柴油机氧化催化器。在柴油机机内燃烧优化控制的基础上，机外通过安装匹配 DOC、SCR 和 DPF 等组合，可有效降低 NO_x 排放和颗粒物排放。

氧化催化转化器：DOC 能转换 CO 和 HC 达 50% ~ 90%，对 PM 的转换效率达 20% ~ 50%，对 SOF 的转换效率达 90%，可消除 50% 以上的烟，还能减轻柴油车的排气臭味。另外，DOC 能将 NO 转换为 NO_2，氧化 DPF 中 C 颗粒物，实现连续再生；DOC 与 SCR 配合使用时，DOC 将 NO 转换为 NO_2，加速 NH_3 和 NO_x 反应速率，提高 SCR 催化器的 NO_x 转化效率。

选择性催化还原是降低柴油机 NO_x 排放的关键技术，SCR 所用还原剂包括烃基类和氨基类，而氨基类 SCR 系统是国内外的技术主流。

柴油颗粒过滤器对颗粒物排放的过滤效率可达到 99% 以上，是目前控制和减少柴油机颗粒排放的最有效手段。

在国Ⅵ法规之前，柴油机的后处理技术路线主要有 EGR + DOC + DPF 和 DOC + DPF + SCR。随着国Ⅵ法规的实施，形成了 EGR + DOC + DPF + SCR 技术路线。为了满足日益严格的排放法规要求，柴油机后处理装置包括 DOC、SCR、DPF 等，将作为标配部件应用于柴油车尾气后处理系统。并且，安装有后处理装置的汽车要求在全生命周期内都必须满足相应排放法规限值，如国 6a 法规要求轻型车辆在 160 000 km 内排放须达标，国 6b 法规进一步要求为 200 000 km；而重型柴油车国六阶段法规要求重型柴油车 700 000 km 内排放必须达标，因此对后处理装置的耐久性提出了很高的要求。

2.4 本章小结

本章介绍了汽车排气污染物危害及生成机理，阐述了汽油机排气污染的主要参数包括燃烧室结构参数、空燃比、转速、负荷和点火时刻，以及汽油机运转状态对汽油机排气污染物生成和排放的影响，介绍了汽油机排气污染控制技术；阐述分析了柴油机排气污染物主要影响因素包括负荷（空燃比）、转速、喷油时刻、涡流、废气涡轮增压和燃料的十六烷值，介绍了柴油机过渡工况排放特性和柴油机排放控制技术。

第**3**章

汽车排气污染物检测方法及标准

遥感检测是一种快捷、高效的汽车排气污染物检测手段，是其他汽车排放检测方法的有力补充。但由于汽车排放遥感检测结果存在一定的不确定性，为了评估遥感检测方法的准确性，需要与其他法规规定的汽车排放检测方法进行对比。并且，通过遥感检测手段筛查出的高排放车，还需要通过法规规定的检测方法进行最终验证，尤其是台架试验方法和车载试验方法。本章着重介绍汽车排放检测的台架试验方法和车载试验方法。

3.1 我国汽车排放标准

3.1.1 我国汽车排放标准体系

目前世界上主流的汽车排放标准体系主要有欧洲、美国和日本三大标准体系。在20世纪90年代初，欧洲标准体系在排放限值以及道路交通情况等方面都较适合于我国，因此在国六阶段之前我国主要参照欧洲标准体系制定汽车排放标准。从国六排放标准开始，我国基于国内汽车技术水平和交通状况，在排放检验方法、排放监管方法和法规体系建设方面探索中国特色的发展之路。

目前，我国汽车排放标准体系构成分为轻型汽车、重型汽车和三轮汽车三部分，图 3.1 所示为我国汽车排放标准体系现状。每部分标准均包括新车标准和在用车标准，新车标准与在用车标准具有不同的职能。轻型汽车和重型汽车的分界线各国不完全统一，通常情况下，总质量在 3.5~5 t 以下或乘员人数在 9~12 人以下的车辆为轻型汽车，以上为重型汽车。

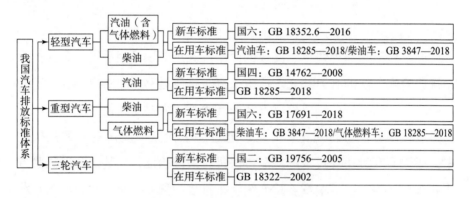

图 3.1 我国汽车排放标准体系现状

新生产汽车排放标准和在用汽车排放标准的监管功能定位不同，图 3.2 所示为新生产汽车排放标准和在用汽车排放标准适用范围对比。

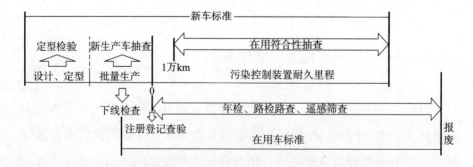

图 3.2 新生产汽车排放标准与在用汽车排放标准适用范围对比

新生产汽车排放标准是从源头控制汽车排放，在汽车设计、定型、批量生产、在用符合性抽查等环节加强汽车排放监管，保证汽车能够稳定达到排放标准的要求。

在用汽车标准侧重对在用汽车排放状况和日常维护保养水平的监督评价，包括在用车辆年检、路检路查和遥感筛查等，目的是"识别高排放车辆"，对在用汽车技术状况和排放进行监测，发现车辆有问题，则督促维修。

新生产汽车排放标准规定的检验项目多，要求测试设备精度高，测试方法复杂且测试时间长，因而成本较高；而在用车标准要求的测试方法相对简便易行、测试精度低，因而在用车测试设备相对简单、成本低。

3.1.2　新生产汽车排放标准

我国现行新生产汽车排放标准包括轻型车标准《轻型汽车污染物排放限值及测量方法（中国第六阶段)》（GB 18352.6—2016）和重型汽车标准《重型柴油车污染物排放限值及测量方法（中国第六阶段)》（GB 17691—2018）。

GB 18352.6—2016 轻型汽车排放标准规定了新生产轻型汽车排放检测项目，如图 3.3 所示，检测项目包括常温下冷启动排气污染物排放试验（Ⅰ型试验）、RDE 试验（Ⅱ型试验）、曲轴箱污染物排放试验（Ⅲ型试验）、蒸发污染物排放试验（Ⅳ型试验）、耐久试验（Ⅴ型试验）、低温下冷启动排放试验（Ⅵ型试验）、加油蒸发排放（Ⅶ型试验）及 OBD 测试等，还有生产一致性、在用符合性监管。因此，新生产汽车标准对新生产汽车排放控制技术水平全面考核，尽可能从源头降低单车排放水平。

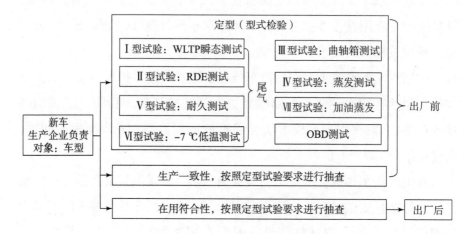

图 3.3　新生产轻型汽车排放检测项目

自 2020 年 7 月 1 日起，所有销售和注册登记的轻型汽车应符合 GB 18352.6—2016 标准要求，其中轻型汽车Ⅰ型试验排放测试结果应符合 6a 限值要求；自 2023 年 7 月 1 日起，轻型汽车Ⅰ型试验排放测试结果应符合 6b 限值要求。

国六重型汽车排放标准《重型柴油车污染物排放限值及测量方法（中国第六阶段）》（GB 17691—2018）于 2018 年 6 月正式发布。第一阶段，国六 a 标准于 2020 年 7 月 1 日起在全国实施，而国六 b 标准则将在 2023 年 7 月 1 日起实施。GB 17691—2018 重型柴油车排放标准规定的排放试验要求如图 3.4 所示，发动机标准测试循环采用了全球统一的瞬态测试循环（world harmonized transient cycle，WHTC），另外，与欧 6 标准一样，国六标准也要求采用 PEMS 进行排放测量，确保车辆在设计时就考虑低温、低速和低负荷排放的问题。

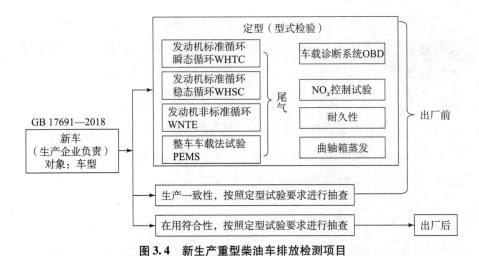

图 3.4　新生产重型柴油车排放检测项目

3.1.3　在用汽车排放标准

在用汽车排放标准的检测项目如图 3.5 所示。在用汽油车采用简易工况法 [稳态工况法（acceleration simulation mode，ASM）、瞬态工况法、简易瞬态工况法（vehicle emission mass analysis system，VMAS）] 检测汽油车 CO、HC、NO_x 排放浓度或排放质量，或采用双怠速法（two-speed idle method）检测汽油车怠速工况 HC 和 CO 排放浓度；而在用柴油车采用自由加速法（free acceleration test）检测烟度不透光度或采用加载减速法（lug-down method）检测排气烟度和 NO_x 排放。在用汽车排放标准的检验要求一般是采用简便易行的排放检测手段检测在用汽车排放存在的问题，督促用户进行维修。

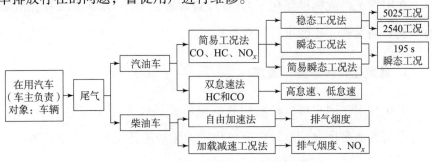

图 3.5　在用汽车排放标准的检测项目

我国现行在用汽车标准《汽油车污染物排放限值及测量方法（双怠速法及简易工况法）》（GB 18285—2018）和《柴油车污染物排放限值及测量方法（自由加速法及加载减速法）》（GB 3847—2018）于2018年11月7日正式发布，2019年5月1日正式实施。

在汽车新车排放标准不断加严、汽车排放控制技术不断进步以及国家持续推进高排放车辆淘汰的背景下，在用汽车排放标准进行了大幅度修改，主要修订内容体现在以下几个方面。

1. 采用统一标准限值

统一规定了在用汽车排放限值，限值统一体现在以下两个方面。

1）全国限值统一

为便于车主异地年检，标准限值全国统一，并且规定各地对检测结果互认的原则。

2）排放限值不再区分排放阶段

以往在用汽车标准采用老车老办法、新车新办法，不同排放阶段的在用汽车采用不同限值。而新标准针对满足不同排放阶段的在用汽车统一制定排放限值，高排放车辆、老旧车辆难以通过排放检测，有利于淘汰高排放车辆。

2. 增加了 OBD 检查要求

在用汽车排放标准强化了 OBD 检查要求，对于 OBD 系统存在故障的车辆必须维修，才能进行排放检验。

3. 氮氧化物排放测试要求

以往在用汽油车排放检验用氮氧化物分析仪主要采用电化学原理，现行在用汽油车排放标准规定氮氧化物检验只能使用基于光学原理的测量仪器。

随着柴油机排放控制的技术进步，柴油机的烟度排放将不是主要问题，NO_x 排放将成为主要问题。在用柴油车标准新增 NO_x 检测要求，在加载减速测试的同时，进行 NO_x 排放检测。

4. 在用汽油车新增燃油蒸发系统泄漏检查作为选项

在用汽油车燃油蒸发测试暂定为选择项目，各地可以根据本地区大气污染现状、机动车保有量及其增长速度，选择是否进行该项目的测试。

5. 数据要求

《中华人民共和国大气污染防治法》第五十四条规定：机动车排放检验机构应当与环境保护主管部门联网，实现检验数据实时共享。本次修订增加了各种检测方法记录内容和报送要求。

3.2　新生产汽车排气污染物检测方法

本节主要讨论新生产汽车标准循环工况（轻型车为 I 型试验循环，重型车发动机为 WHTC）的排气污染物检测方法及排放限值。

轻型车排放法规要求整车在底盘测功机上进行尾气排放测量，结果用单位行驶里程的污染物排放质量（$g \cdot km^{-1}$）表示；重型汽车的排放法规不要求进行整车排放测量，而只要求在发动机试验台上进行发动机排放测量，结果用发动机的比排放量 $[g \cdot (kW \cdot h)^{-1}]$ 表示。

3.2.1　轻型汽车排气污染物检测方法

1. 轻型汽车排气污染物检测设备

1）底盘测功机

对于轻型车，整车在底盘测功机上进行排放检测，图 3.6 所示为典型的轻型汽车排放测试系统。将车辆绑定，驱动车轮置于底盘测功机转毂上，底盘测功机以转毂表面代替路面，对车辆施加行驶阻力，车辆可以按照规定的驾驶循环进行各种加速、减速、匀速等工况试验，因此，能在室内模拟汽车整车在实际道路上的行驶情况，测量在整个行驶循环期间汽车排出污染物的量。

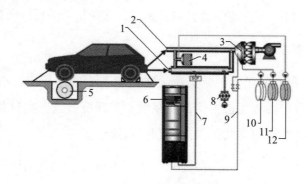

图 3.6　采用临界文丘里管的定容取样系统

1—柴油车稀释通道；2—汽油车稀释通道；3—临界文丘里管；4—空气滤清器；

5—底盘测功机；6—排放分析；7—加热的 HC 采样管；8—微粒采集器；

9—稀释排气采样管；10—柴油车气袋；11—汽油车气袋；12—环境气袋

2）定容取样系统

轻型车排气污染物测量系统一般采用全流式稀释采样系统，即定容取样（CVS）系统，如图 3.6 所示，内燃机的全部排气排入稀释通道中，用经过滤清器过滤的环境空气稀释，形成恒定容积流量的稀释排气。在汽车规定驾驶循环的排放测试过程中，一小部分稀释排气被收集到采样气袋中，在测试循环结束后，用规定的分析仪器分析测量采样气袋中各种污染物的浓度，再乘上定容取样系统中流过的稀释排气总量，可计算得到各种排气成分的总排放量。

测试柴油机时，因为较重 HC 有可能在采样气袋中冷凝，需要对 HC 进行连续分析。因此，稀释排气用加热到 190 ℃ 的管路输送到分析器，并用积分器计算测试循环时间内的累计排放量。

柴油机的测试还包括微粒排放量的测量，所以还需要一个由流量控制器、微粒过滤取样器、取样泵、积累流量计组成的微粒取样系统。

3）排气污染物分析设备

世界各国的排放法规规定：CO 和 CO_2 用不分光红外分析仪测量；NO_x 用化学发光分析仪（CLD）测量；HC 用氢火焰离子化分析仪（flame ionization detector，FID）测量，当需要从总碳氢（THC）中分出无甲烷碳氢化合物（NMHC）时，一般用气相色谱仪测量甲烷（CH_4）；发动机排气中的氧常用顺磁分析仪测量；发动机排气中的微粒采用称重方法测量，用 μg 级精密天平称量滤纸计算收集微粒前后的质量差得到微粒的质量。

2. 轻型汽车排气污染物测试工况及排放限值

美国、欧洲和日本的汽车排放法规是当今世界上的三个主要法规体系，其他国家均在不同程度上采用这些法规和标准，尤以采用欧洲和美国法规的较多。世界各国对轻型车排放都有严格的控制要求，并制定强制性排放法规。法规中的汽车排放测试是依托于试验循环实现的，试验循环模拟汽车在实际道路行驶条件下的运行工况，是汽车排放试验方法的重要组成部分。轻型汽车排放测试工况主要包括 FTP‐75、US06、SC03、NEDC、JC08 和 WLTC 六种工况，其应用情况及相关排放法规执行时间如图 3.7 所示。

如前所述，汽车放置在带有负荷和惯量模拟功能的底盘测功机上，按法规规定的测试循环、排气取样和分析方法、颗粒物取样和称量方法进行试验，试验次数和结果判定应满足法规规定。

1）欧盟标准

欧 4 及以前阶段一般是指总质量不大于 3.5 t 的汽车，包括轻型柴油车和轻型汽油车。欧 5/6 阶段时，不再按之前的总重量来划分轻、重型汽车，而是采用基准质量来划分。欧 5/6 标准所指的轻型汽车为基准

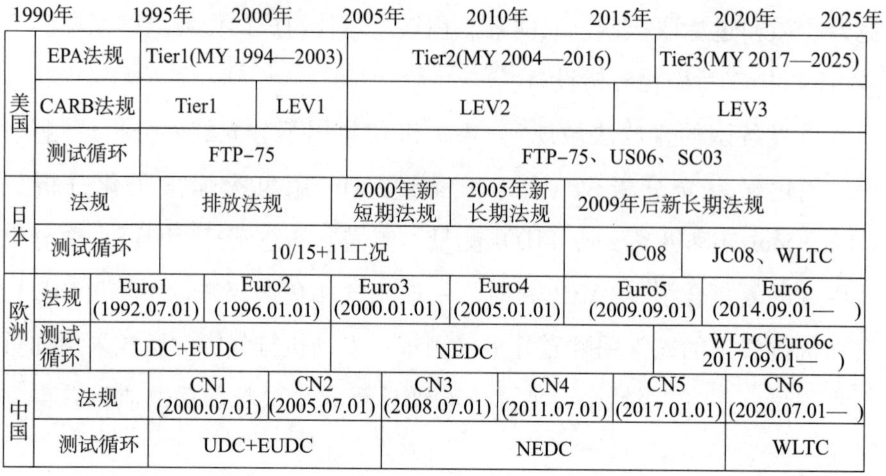

		1990年 1995年 2000年 2005年 2010年 2015年 2020年 2025年
美国	EPA法规	Tier1(MY 1994—2003) / Tier2(MY 2004—2016) / Tier3(MY 2017—2025)
	CARB法规	Tier1 / LEV1 / LEV2 / LEV3
	测试循环	FTP-75 / FTP-75、US06、SC03
日本	法规	排放法规 / 2000年新短期法规 / 2005年新长期法规 / 2009年后新长期法规
	测试循环	10/15+11工况 / JC08 / JC08、WLTC
欧洲	法规	Euro1(1992.07.01) / Euro2(1996.01.01) / Euro3(2000.01.01) / Euro4(2005.01.01) / Euro5(2009.09.01) / Euro6(2014.09.01—)
	测试循环	UDC+EUDC / NEDC / WLTC(Euro6c 2017.09.01—)
中国	法规	CN1(2000.07.01) / CN2(2005.07.01) / CN3(2008.07.01) / CN4(2011.07.01) / CN5(2017.01.01) / CN6(2020.07.01—)
	测试循环	UDC+EUDC / NEDC / WLTC

图 3.7　排放法规执行时间及测试循环

质量不超过 2 610 kg 的 M1 类、M2 类、N1 类和 N2 类汽车。欧洲轻型车排放标准实施进程见表 3.1。

表 3.1　欧洲轻型车排放标准实施进程

排放阶段	标准号	实施时间	车辆类型
欧 1	91/441/EEC	1992. 7. 1	最大总质量不超过 2 500 kg 的 6 座或 6 座以下的乘用车
	93/59/EEC	1993. 10. 1	最大总质量不超过 2 500 kg 的 6 座或 6 座以下的乘用车、最大总质量在 2 500 ~ 3 500 kg 的 7 ~ 9 座乘用车以及最大总质量不超过 3 500 kg 的商用车
欧 2	94/12/EC	1996. 1. 1	最大总质量不超过 2 500 kg 的 6 座或 6 座以下的乘用车
	96/69/EC	1997. 1. 1	最大总质量不超过 2 500 kg 的 6 座或 6 座以下的乘用车、最大总质量在 2 500 ~ 3 500 kg 的 7 ~ 9 座乘用车以及最大总质量不超过 3 500 kg 的商用车

续表

排放阶段	标准号	实施时间	车辆类型
欧 3/4	98/69/EC	欧 3： 2000.1.1	最大总质量不超过 3 500 kg 的 M1 类、M2 类、N1 类汽车
		欧 4： 2005.1.1	
欧 5/6	EC715/2007	欧 5： 2009.9.1	基准质量不超过 2 610 kg 的 M1 类、M2 类、N1 类和 N2 类汽车
	EC692/2008	欧 6： 2014.9.1	

欧洲轻型车 I 型排放试验工况由 4 个 ECE (Economic Commission for Europe) 循环和 1 个 EUDC (extra urban driving cycle) 构成。ECE 是市区运转循环（也称 ECE15 工况），其特点是低速、低负荷；EUDC 是市郊运转循环，代表较高车速的行驶工况，EUDC 的最高车速达到 120 km·h^{-1}。对于低功率汽车，EUDC 的最高车速调整为 90 km·h^{-1}。

ECE + EUDC 循环在底盘测功机上运行。试验时，欧 1 和欧 2 标准允许 40 s 的暖机时间，如图 3.8 所示。到欧 3 标准之后，取消了这 40 s 的暖机时间，即在发动机启动的同时就开始取样，经过修改后的冷启动程序也称为新欧洲驾驶循环 (New European driving cycle, NEDC)。

从欧 6c 开始，欧盟委员会采用全球轻型汽车统一测试循环 (WLTC) 工况。WLTC 工况根据车辆的功率质量比 (power-to-mass ratio, PMR)，将轻型车分成了三类，并制定了三类相应的行驶工况。WLTC 第一类工况适用于 PMR ≤ 22 kW·t^{-1} 的低功率质量比车辆；WLTC 第二类工况适用于 22 kW/t < PMR ≤ 34 kW/t 的中功率质量比车辆；WLTC 第三类工况适用于 PMR > 34 kW·t^{-1} 的高功率质量比车辆。目前，大部分车辆的功率质量比都是大于 34 kW·t^{-1} 的，因此，WLTC 第三类工况的应用应该说是最为广泛的，如图 3.9 所示，包含了 4 个速度段，分别为低速段、中速段、高速段和超高速段，循环时间为

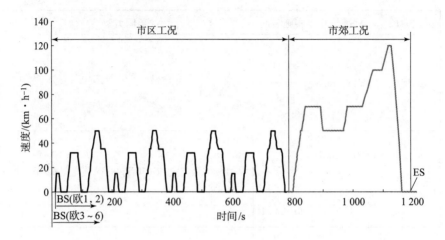

图3.8 ECE + EUDC 循环

BS—开始采样；ES—终止采样

1 800 s，总行驶里程为 23.27 km，平均车速为 46.5 km · h^{-1}，最高车速为 131.3 km · h^{-1}，最大加速度为 1.58 m · s^{-2}。

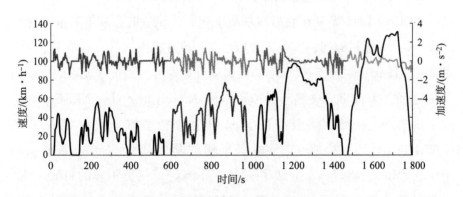

图3.9 WLTC 工况（适用于欧 6c 后）

欧洲乘用车排放标准限值（M1 类）见表 3.2。表 3.2 中列出的所有日期是新车型的准入日期，第二次准入日期为 1 年后，除非另有说明，否则也适用于以前批准的首次注册（进入服务）的现有车型。

表 3.2　欧盟轻型乘用车排放标准（M1 类）

车型	排放阶段	实施日期	CO	THC	HC + NO$_x$	NO$_x$	PM	PN
			限值/（g·km^{-1}）					限值/（#·km^{-1}）
点燃式	Euro 1†	1992.07.01	2.72 (3.16)		0.97 (1.13)			
	Euro 2	1996.01.01	2.2		0.5			
	Euro 3	2000.01.01	2.3	0.2		0.15		
	Euro 4	2005.01.01	1	0.1		0.08		
	Euro 5a	2009.01.01	1	0.10^d		0.06	0.005^e	
	Euro 5b	2011.09.01	1	0.10^d		0.06	0.005^e	
	Euro 6b	2014.09.01	1	0.10^d		0.06	0.004 5	6.0×10^{11}
	Euro 6c	2017.09.01	1	0.10^d		0.06	0.004 5	6.0×10^{11}
压燃式	Euro 1	1992.07.01	2.72 (3.16)		0.97 (1.13)		0.14 (0.18)	
	Euro2，IDI	1996.01.01	1		0.7		0.08	
	Euro2，DI	1996.01.01	1		0.9		0.1	
	Euro 3	2000.01.01	0.64		0.56	0.5	0.05	
	Euro 4	2005.01.01	0.5		0.3	0.25	0.025	
	Euro 5a	2009.09.01	0.5		0.23	0.18	0.005^e	
	Euro 5b	2011.09.01	0.5		0.23	0.18	0.005^e	6.0×10^{11}
	Euro 6b	2014.09.01	0.5	0.10^d		0.06	0.004 5	6.0×10^{11f}
	Euro 6c	2017.09.01	0.5	0.10^d		0.06	0.004 5	6.0×10^{11}

注：在欧 1 到欧 4 阶段，乘用车 >2 500 kg 被列入 N1 类机动车。

† 括号内的值是生产一致性（COP）的限值。

d 包括 NMHC = 0.068 g/km；

e 使用 PMP 测试程序的限值 0.0045 g·km^{-1}；

f 欧 6 生效的 3 年后使用 6.0×10^{12} #·km^{-1}。

2）美国标准

美国是世界上汽车排放控制最严的国家，至今有两个不同的法规，一个是美国加利福尼亚州法规，另一个是美国联邦政府法规。

美国车辆按照重量进行分类，将最大总质量不超过 8 500 磅（3 856 kg，1 磅 = 0. 454 kg）的汽车作为轻型汽车，进行整车排放测试；将最大总质量超过 8 500 磅（3 856 kg）的汽车作为重型汽车，污染物排放测量在发动机台架上进行。

从法规发展历史上看，美国联邦标准的汽车排放法规主要是从 Tier0 开始，经历了 Tier1 和 Tier2 阶段，目前已经颁布实施了 Tier3 排放标准。加利福尼亚标准为 LEV1、LEV2 和 LEV3。

美国联邦轻型车 Tier1 排放标准于 1991 年 6 月 5 日发布，并于 1994 年至 1997 年分阶段逐步实施。污染物的测试循环为 FTP – 75，如图 3. 10 所示。

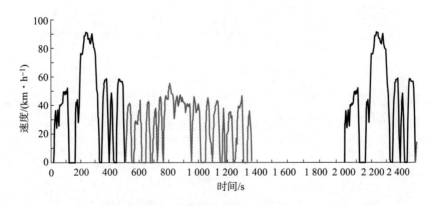

图 3. 10　美国 FTP-75 工况

FTP-75 工况的基本循环时间为 1 369 s，包括冷启动和稳定阶段，实际测试时加上热浸时间约 600 s，因此，FTP-75 工况循环需要经过"第 1 部分冷启动，第 2 部分稳定阶段，热浸，第 1 部分热启动"这四个环节。另外，FTP-75 工况对于排放、油耗的计算需要乘以权重因子。

冷启动瞬态权重因子为 0.43，稳定阶段权重因子为 1，热启动瞬态权重因子为 0.57。FTP-75 工况最高速度为 91.3 km · h^{-1}，平均速度为 31.6 km · h^{-1}，最大加速度为 1.48 m · s^{-2}。

美国轻型车 Tier1 标准限值见表 3.3。

表 3.3　美国轻型车 Tier1 标准限值（1994—2003 年）

类别		排放限值/(g · mile^{-1})[①]			
		NO$_x$ + NMOG	CO	PM[②]	HCHO
LDV	LDV	0.91	4.2	0.01	
	LDV（柴油）	1.56	4.2	0.01	0.8
LDT	LDT1	0.91	4.2	0.01	0.8
	LDT1（柴油）	1.56	4.2	0.01	0.8
	LDT2	1.37	5.5	0.01	0.8
	LDT3	1.44	6.4	0.01	0.8
	LDT4	2.09	7.3	0.12	0.8

注：①车辆整个使用寿命期 [100 mile，0 ~ 120 mile，0 mile（1 mile = 1 609.344 m）] 内的限值。

②PM 限值只适用于柴油机。

Tier2 于 1999 年 12 月 21 日通过，并于 2004 年至 2009 年分阶段逐步实施；过渡期内分阶段逐步提高排放要求，在 2009 年 Tier2 完全实施后，制造厂销售的所有轻型汽车的车队 NO$_x$ 平均排放应达到 0.07 g · mile^{-1} 的水平。EPA（美国环境保护局）Tier2 的排放标准以"认证 bins"的结构体现，其中共包含 8 级（1 ~ 8）的永久认证标准和 3 级（9 ~ 11）的临时认证标准，从 11 级到 1 级排放限值逐步降低。其中临时认证标准限值（9 ~ 11 级）是 Tier2 在过渡时期采用的标准，从 2008 年以后不再使用。污染物的测试循环为 FTP – 75，Tier2 法规中 NO$_x$ 和 NMOG（非甲烷有机气体）具有单独的排放限值。Tier2 排放标准 FTP-75 循环排放限值见表 3.4。

表 3.4　Tier2 排放标准 FTP-75 循环排放限值（MY 2004—2014）

标准限值/(g·mile⁻¹)	排放限值（5 年/50 000 mi）					全寿命周期排放限值				
	NO_x	NMOG	CO	PM	HCHO	NO_x	NMOG	CO	PM	HCHO
Bin11[①]	0.6	0.195	3.4	—	0.022	0.9	0.28	7.3	0.12	0.032
Bin10[①②]	0.4	0.125/0.160	3.4/4.4	—	0.015/0.018	0.6	0.156/0.230	4.2/6.4	0.08	0.018/0.027
Bin9[①②]	0.2	0.075/0.140	3.4	—	0.015	0.3	0.090/0.180	4.2	0.06	0.018
Bin8[②]	0.14	0.100/0.125	3.4	—	0.015	0.2	0.125/0.156	4.2	0.02	0.018
Bin7	0.11	0.075	3.4	—	0.015	0.15	0.09	4.2	0.02	0.018
Bin6	0.08	0.075	3.4	—	0.015	0.1	0.09	4.2	0.01	0.018
Bin5	0.05	0.075	3.4	—	0.015	0.07	0.09	4.2	0.01	0.018
Bin4	—	—	—	—	—	0.04	0.07	2.1	0.01	0.011
Bin3	—	—	—	—	—	0.03	0.055	2.1	0.01	0.011
Bin2	—	—	—	—	—	0.02	0.01	2.1	0.01	0.004
Bin1	—	—	—	—	—	0	0	0	0	0

注：①用于 LD 乘用车辆和 LD 卡车的 9～11 号 Bin 限值 2006 年到期，而用于 HLD 卡车和 MD 乘用车的 9～11 号 Bin 限值 2008 年到期。

②具有 2 个编号的污染物限值，第一个限值用于产品认证，第二个限值用于在用汽车标准。

与欧洲、中国轻型汽车的排放要求不同，EPA Tier2 不针对车型设定排放限值，而是规定厂家全部轻型车（即车队）的平均排放限值。Tier2 要求厂家可以从"认证 Bins"中自由选择任何级别对车型进行认证，但厂家车队的平均 NO_x 排放要达到 0.07 g·mile⁻¹，这与"认证 Bins"中 Tier2 Bin5 的 NO_x 限值相当。因此，如果有部分汽车是按 Tier2 Bin6 及更高排放级别进行认证，意味着厂家必须出售足够数量的 Tier2 Bin4 及更低排放级别的汽车，使车队平均的 NO_x 排放达到 0.07 g·mile⁻¹。Tier 2 排放标准的 Bins 覆盖了加州 LEV2 排放等级，便于制造厂向联邦政府和加州进行认证。Tier 2 排放标准实行"燃料中立"的原则，即汽车不管使用何种燃料（汽油、柴油、或代用燃料）排放限值均应满足相同的标准。

Tier2 法规要求还需进行附加的 FTP（federal testing procedure）测试，即 SFTP（supplementary FTP）测试，它只适用于 LDVs（light - duty vehicles）和 LDTs（light - duty trucks），对 MDPVs（medium - duty passenger vehicles）则不适用，当代用燃料或灵活燃料的 LDVs 和 LDTs 不使用汽油或柴油时，SFTP 也不适用。SFTP 用于弥补 FTP - 75 的不足，如车辆在高速高负荷情况下运行的时间比例不断增加，研究人员开发出了考虑高速高负荷、道路情况变化的 US06 工况，其持续时间为 600 s，行驶里程为 12.9 km，最高车速 129.3 km·h^{-1}，平均车速 77.83 km·h^{-1}，最大加速度是 3.76 m·s^{-2}；考虑到车辆在实际条件下，开空调满负荷运行的情况，研究人员开发了 SC03 工况，其持续时间为 600 s，行驶里程 5.76 km，最高车速 88.23 km·h^{-1}，平均车速 34.58 km·h^{-1}，最大加速度 2.28 m·s^{-2}。US06 和 SC03 的工况分别如图 3.11 和图 3.12 所示。

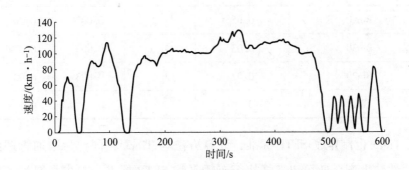

图 3.11　美国 SFTP US06 工况

制造商必须满足 4 000 mile（1 mile = 1 609.344 m）和全部使用寿命的 SFTP 标准。

美国联邦 Tier3 于 2014 年 3 月 3 日最终确定，从 2017 年至 2025 年分阶段实施，循环工况采用 FTP - 75、US06 和 SC03，美国 Tier3 标准采用 7 个不同级别的排放限值约束整车企业的排放水平，见表 3.5。

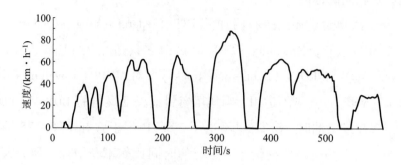

图 3.12　美国 SFTP SC03 工况

表 3.5　美国联邦轻型车 Tier3 排放标准（使用寿命期内 150 000 mile）

Bin	排放限值/（g·mile^{-1}）			
	NO$_x$ + NMOG	CO	PM	HCHO
Bin160	0.16	4.2	0.003	0.004
Bin125	0.125	2.1	0.003	0.004
Bin70	0.07	1.7	0.003	0.004
Bin50	0.05	1.7	0.003	0.004
Bin30	0.03	1	0.003	0.004
Bin20	0.02	1	0.003	0.004
Bin0	0	0	0	0

　　Tier3 也制定了 SFTP 标准，计算方法与 Tier2 相同。为增加管理的灵活性，生产企业可以选择执行车辆平均 SFTP 标准，首先自愿为各个车辆系族确定该系族特定的 SFTP 标准，并报告自选排放标准和排放测量结果。对于这种自己选择的 SFTP 标准，排放上限为 180 g·mile^{-1}。生产企业的车辆平均 SFTP 标准应低于相应的年度标准。SFTP 车队平均 NMOG + NO$_x$ 排放限值见表 3.6。

表 3.6　SFTP 车队平均 NMOG + NO$_x$ 排放限值

排放	2017 年[①]	2018 年	2019 年	2020 年	2021 年	2022 年	2023 年	2024 年	2025 年
NMOG + NO$_x$/ (mg·mile^{-1})	103	97	90	83	77	70	63	57	50
CO/(g·mile^{-1})	4.2								

注：①GVWR 超过 6 000 磅的 LDVs、LDTs 和 MDPVs，从 2018 车型年开始应用车队平均排放限值。

美国加利福尼亚州于 1990 年提出了低排放汽车（low emission vehicles，LEV）和零排放汽车（zero emission vehicles，ZEV）的排放标准；1994 年颁布了清洁燃料和低排放汽车计划，规定从 1995 年起，分阶段实施低污染汽车标准，并将轻型车分为过渡低排放车（transitional low emission vehicle，TLEV）、低排放车、超低排放车（ultra low emission vehicles，ULEV）、特超低排放汽车（ultra very low emission vehicle，SULEV）和零排放车。1998 年，加州执行 LEV2 排放标准，并于 2004—2013 年逐步实施；2012 年 1 月，执行 LEV3 要求，于 2015—2025 年逐步实施。LEV3 各阶段的排放（采用 FTP-75 测试循环）限值见表 3.7。

表 3.7　加州乘用车和轻型货车 LEV3 排放标准

排放等级	排放限值/（g·mile^{-1}）			
	NO$_x$ + NMOG	CO	PM	HCHO
SULEV160	0.16	4.2	0.01	0.004
SULEV125	0.125	2.1	0.01	0.004
SULEV70	0.07	1.7	0.01	0.004
SULEV50	0.05	1.7	0.01	0.004
SULEV30	0.03	1	0.01	0.004
SULEV20	0.02	1	0.01	0.004

注：1 mile≈1.609 km；NMOG—非甲烷有机气体；HCHO—甲醛。

美国加州 LEV3 法规对 2017—2025 年的轻型车辆（包括轿车和不超过 8 500 磅的轻型载货车）和中型车辆（8 501～14 000 磅）的排放提出要求，大幅度降低形成烟雾的污染物和温室气体的排放，其中温室气体的排放要求达到 166 g/mile，与 2016 年的水平相比，降低 34%；形成烟雾的污染物排放与 2014 年的水平相比，降低 75%。与加州以前的 LEV 阶段排放法规相比，LEV3 法规对 NMOG 和 NO_x 合并制定限值要求，并根据 NMOG + NO_x 的限值要求（单位 $g \cdot mile^{-1}$），将限值数放大 1 000 倍后，来命名车辆的排放组别，排放限值与 EPA Tier3 逐步统一要求。

3）日本标准

日本从 2005 年开始引入 JC08 循环并于 2011 年实施，JC08 循环工况如图 3.13 所示，该工况代表了比较拥挤的城市行驶条件，包括怠速和频繁的加减速。JC08 工况主要参数：行驶距离为 8.171 km，平均车速 24.4 $km \cdot h^{-1}$（若不含怠速平均车速为 34.8 $km \cdot h^{-1}$），最高车速为 81.6 $km \cdot h^{-1}$，时间为 1 204 s。

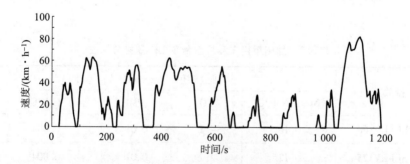

图 3.13　JC08 循环工况

到 2017 年，日本对 CO、NMHC、NO_x 和 PM 排放设定了最高值和平均值，见表 3.8。具体而言，每一辆车的排放限值不得超过标准规定的单车限值，每季度测试一批汽车，其平均值不得超过标准规定的平均值。进行冷启动的 JC08C 工况和热启动的 JC08H 工况排放试验，对冷启动和热启动工况排放量加权求和，两者之和必须小于限值，具体要求为 JC08H 排放量 ×0. 75 + JC08C 排放量 ×0. 25 ≤排放限值。日本轻型车认证时排放限值采用平均基准值，耐久保证距离为 8 万 km。

表 3. 8　日本尾气排放限值和基准值

类别	CO	NMHC	NO$_x$	PM[①]	备注
	限值/(g·km^{-1})				
单车限值	1. 92	0. 08	0. 08	0. 007	单个车辆所必须满足的限值（进口车、新生产汽车检查等）
平均基准值	1. 15	0. 05	0. 05	0. 005	量产车必须满足的平均排放限值（认证等）

注：①PM 限值仅针对搭载带有 NO$_x$ 吸附催化转化器的直喷发动机汽车。

从 2010 年开始，日本开始参与研究全球轻型汽车统一测试循环工况，并确定于 2015 年导入 WLTC 工况，需要指出的是，WLTC 工况中的超高速部分在日本的汽车实际行驶中，所占比例不超过 5%，而且超高速部分的速度 – 加速度分布与日本实际行驶的速度 – 加速度分布存在较大偏差，除去超高速部分之后，速度 – 加速度分布与日本行驶状态具有较好的吻合度，因此，在日本的排放测试方法中仅采用了 WLTC 的低速、中速及高速三部分。

4）中国标准

我国从 2000 年开始实施轻型汽车国 1 排放标准，之后逐步实施了国 2、国 3、国 4 和国 5 排放标准。国 5 及以前标准的排放测试方法、测试循环和排放限值基本等效于欧洲标准，排放测试采用 NEDC。从国 6 排放标准开始，我国制定更加符合中国国情的汽车排放法规。轻型车国 6 排放法规部分采用了欧盟法规等相关内容，OBD 部分参考了美国加利福尼亚州轻型车法规中 OBD 的相关技术要求。自国 6 阶段轻型车 I 型试验测试采用 WLTC。我国轻型车中 M1 类乘用车 I 型试验（常温下冷启动后排气污染物排放试验）排放限值见表 3. 9。

表 3.9　我国轻型车中 M1 类乘用车 I 型试验排放限值

车型	排放阶段	实施日期	CO	THC	NMHC	HC + NO$_x$	NO$_x$	PM	PN
			限值/(g·km^{-1})						限值/(#·km^{-1})
点燃式	国 1	2000.07.01	2.72	—	—	0.97	—	—	—
	国 2	2005.07.01	2.2	—	—	0.5	—	—	—
	国 3	2008.07.01	2.3	0.2	—	—	0.15	—	—
	国 4	2011.07.01	1	0.1	—	—	0.08	—	—
	国 5	2017.01.01	1	0.1	0.068	—	0.06	0.004 5	—
	国 6a	2020.07.01	0.7	0.1	0.068	—	0.06	0.004 5	6.0×10^{11}
	国 6b	2023.07.01	0.5	0.5	0.035	—	0.035	0.003	6.0×10^{11}
压燃式	国 1	2000.07.01	2.72	—	—	0.97	—	0.14	—
	国 2	2005.07.01	1	—	—	0.7	—	0.08	—
	国 3	2008.07.01	0.64	—	—	0.56	0.5	0.05	—
	国 4	2013.07.01	0.5	—	—	0.3	0.25	0.025	—
	国 5	2018.01.01	0.5	—	—	0.23	0.18	0.004 5	6.0×10^{11}
	国 6a	2020.07.01	0.7	0.1	0.068	—	0.06	0.004 5	6.0×10^{11}
	国 6b	2023.07.01	0.5	0.5	0.035	—	0.035	0.003	6.0×10^{11}

3.2.2　重型汽车排气污染物测试方法

对于重型汽车，国内外排放标准普遍要求将其发动机装在发动机台架上进行稳态或瞬态试验，测量排气污染物的浓度，再进行污染物总量计算。发动机台架测试系统的主要设备包括测功机和排放测试系统。

1. 欧洲重型汽车排气污染物测试方法及排放限值

欧洲从 1988 年欧 0 阶段开始，最初的发动机台架测试循环为 ECE R49 循环。该循环为一个 13 工况循环，除了怠速点（点 1、点 7、点

13)，其余工况点分布在最大转矩转速和额定转速上，如图 3.14 所示。3 个怠速点的加权系数分别为 0.25/3，而最大转矩转速下各个工况点的加权系数大于额定转速下相应工况点。欧 0、欧 I、欧 II 阶段在使用 ECE R49 工况时，没有烟度的测试和限值。欧 I、欧 II 阶段的限值见表 3.10。

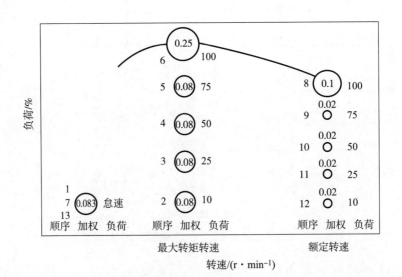

图 3.14　ECE R49 循环

表 3.10　欧 I、欧 II 阶段实施时间及排放限值

阶段	日期	工况	CO	HC	NO$_x$	PM
			限值/[g·(kW·h)$^{-1}$]			
欧 I（≤85 kW）	1992		4.5	1.1	8.0	0.612
欧 I（>85 kW）	1992	ECE R49	4.5	1.1	8.0	0.360
欧 II	1996.10		4.0	1.1	7.0	0.250
欧 II	1998.10		4.0	1.1	7.0	0.150

2000 年 10 月，欧盟正式实施 III 阶段标准。在 III 阶段中原来的 13 工况循环被欧洲稳态循环（European steady cycle，ESC）、欧洲瞬态循环

（European transient cycle，ETC）和欧洲荷载响应（European load response，ELR）循环这3个测试循环替换。ESC由13个稳态工况点和3个随机工况点组成，相较于原来的13工况，ESC工况点的选择发生了变化，如图3.15所示。

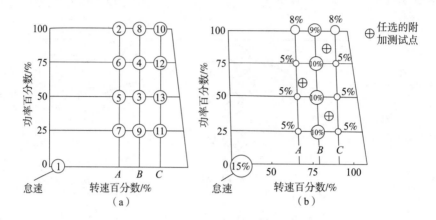

图3.15 ESC

（a）测试点的负荷和顺序；（b）测试点的加权系数

13个稳态工况点分布在怠速、A、B和C转速上，计算公式如式（3.1）~式（3.3）所示。13个稳态工况点加权平均得到循环工况排放值，3个随机工况在一个控制区域内随机测试，随机工况测得的NO_x排放值不得高于相邻试验工况点内插值的110%。ESC相较于13工况循环而言，工况点的分布更加合理，增加了中速负荷工况的权重系数，更加接近于重型车的实际运行情况。

$$转速\ A = n_{lo} + 25\%\ (n_{hi} - n_{lo}) \tag{3.1}$$

$$转速\ B = n_{lo} + 50\%\ (n_{hi} - n_{lo}) \tag{3.2}$$

$$转速\ C = n_{lo} + 75\%\ (n_{hi} - n_{lo}) \tag{3.3}$$

其中，n_{hi}为发动机70%最大功率转速；n_{lo}为发动机50%最大功率转速。

欧Ⅲ~欧Ⅵ阶段的ESC工况限值见表3.11。

表 3.11　欧Ⅲ～欧Ⅵ阶段的 ESC 工况限值（ESC&ELR 循环）

阶段	日期	工况	CO	HC	NO$_x$	PM	烟度	NH$_3$
			限值/[g·(kW·h)$^{-1}$]				限值/m^{-1}	限值/10^{-6}
欧Ⅲ	2000.10	ESC&ELR	2.1	0.66	5.0	0.10/0.13①	0.80	
欧Ⅳ	2005.10		1.5	0.46	3.5	0.02	0.50	25
欧Ⅴ	2008.10		1.5	0.46	2.0	0.02	0.50	25
EEV	1999.10		1.5	0.25	2.0	0.01	0.15	25
欧Ⅵ	2012.12		1.5	0.13	0.4	0.01		10

注：①适用于单缸排量小于 0.75 L 且额定转速超过 3 000 r·min^{-1}的发动机。

　　欧Ⅲ阶段还引入欧洲瞬态循环，和 FTP 循环一样，ETC 也是由实际道路循环转化过来的，ETC 长度为 1 800 s，分为城市道路（urban）、乡间道路（rural）和高速公路（motorway）三个部分（图 3.16），每部分都为 600 s。该循环和 FTP 循环一样，测试的实际转矩和转速也是由发动机外特性和归一化转速、归一化转矩计算得到的。但是与 FTP 循环不

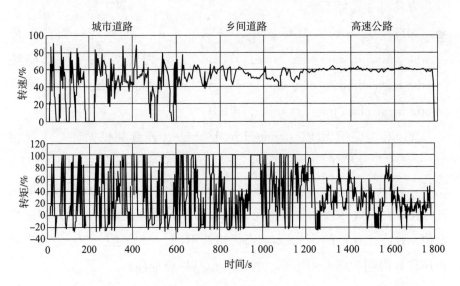

图 3.16　ETC

同的是，在实际转速的计算公式中，ETC 使用基准转速（n_{ref}）代替了 FTP 循环中的额定转速。其中基准转速的计算公式为

$$n_{ref} = n_{lo} + 95\% \ (n_{hi} - n_{lo}) \tag{3.4}$$

欧Ⅲ～欧Ⅵ阶段的 ETC 限值见表 3.12。其中 PM 限值仅针对柴油机，甲烷限值仅针对气体发动机。

表 3.12 欧Ⅲ～欧Ⅵ阶段的 ETC 限值

阶段	日期	工况	CO	NMHC	CH$_4$	NO$_x$	PM	NH$_3$
			限值/[g·(kW·h)$^{-1}$]					限值/10^{-6}
欧Ⅲ	2000.10		5.45	0.78	1.60	5.0	0.16	
欧Ⅳ	2005.10		4.00	0.55	1.10	3.5	0.03	25
欧Ⅴ	2008.10	ETC	4.00	0.55	1.10	2.0	0.03	25
EEV	1999.10		3.00	0.40	0.65	2.0	0.02	25
欧Ⅵ	2012.12		4.00	0.16	0.50	0.4	0.01	10

ETC 必须采用全流稀释系统进行采样。ESC 和 ETC 在测试前都要预热发动机和稀释系统。

2011 年发布的欧Ⅵ标准中，柴油机采用了世界统一测试循环（world harmonized driving cycle，WHDC），分为世界统一稳态循环（world harmonized steady-state cycle，WHSC）和世界统一瞬态循环（world harmonized transient cycle，WHTC）。

WHSC 与美国 RMC（ramped mode cycle，连续测试循环）工况相似，在稳态工况之间添加了工况过渡时间，形成了一个连续的 1 895 s 循环，如图 3.17 所示。每个工况点不再有用于计算的加权系数，而是连续记录污染物浓度和排气流量，或者稀释后采集到采样袋中并测定浓度值。稳态工况点的定义也与 ESC 转速不同，而是通过归一化转速和转矩计算得到。同 ESC 一样，WHSC 也是热启动循环。

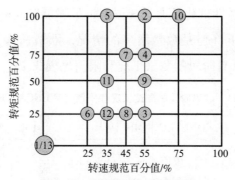

图 3.17　WHSC 的工况点分布

WHTC 为 1 800 s，如图 3.18 所示。WHTC 首先进行冷启动测试，并且在热浸之后进行热启动测试。测试结果为两次测试的加权平均，冷启动结果的加权系数为 0.14，热启动为 0.86。在 ETC 中，发动机平均转速是额定转速的 51%，发动机平均负荷为 37%，怠速时间占整个循环时间的 6%，而 WHTC 的转速和负荷明显下降，3 个数值分别为 36%、17% 和 17%，更接近世界各地的道路情况。

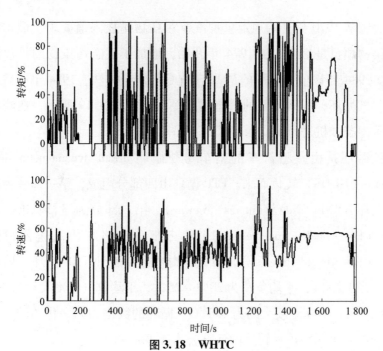

图 3.18　WHTC

为了应对选择性催化还原系统尿素过量喷射造成的氨气泄漏，以及应对颗粒物质量下降但是数量增多的情况，欧Ⅵ阶段还增加了对 NH_3 和 PN 的控制。欧Ⅵ阶段的测试工况和限值见表 3.13。

表 3.13　欧Ⅵ阶段的测试工况和限值（WHSC&WHTC）

阶段	日期	工况	CO	THC	NMHC	CH₄	NOₓ	PM	NH₃	PN
			限值/[mg·(kW·h)⁻¹]					限值/10⁻⁶	限值/[#·(kW·h)⁻¹]	
欧Ⅵ (CI)	2013.1	WHSC	1 500	130			400	10	10	8.0×10^{11}
欧Ⅵ (CI)	2013.1	WHTC	4 000	160			460	10	10	6.0×10^{11}
欧Ⅵ (PI)	2013.1	WHTC	4 000		160	500	460	10	10	

2. 美国重型汽车排气污染物测试方法及排放限值

美国从 1970 年开始规定重型汽车污染物排放限值要求，最初的检测污染物项目是烟度。从 1974 年开始，增加了气态污染物的排放限值要求。1984 年以前，采用的是 13 工况稳态测量方法，1984 年以后采用瞬态测试循环，美国使用的瞬态测试循环，如图 3.19 所示，在测功机上对重型柴油机进行测试。

该循环是由重型汽车的整车驾驶循环 urban dynamometer driving schedule（UDDS）转化而来。FTP 循环由四部分组成，第一部分为纽约市区循环 NYNF（New York non freeway），第二部分为洛杉矶市区循环 LANF（Los Angeles non freeway），第三部分为洛杉矶高速公路循环 LAFY（Los Angeles freeway），第四部分重复一遍 NYNF 循环。该循环的长度为 1 200 s，平均负荷为 20% ~ 25%，平均排气温度大约为 250 ~ 350 ℃ 之间，最高温度大约为 450 ℃。循环的数据为归一化的转矩和转速百分比，实际转矩和转速的计算公式如下：

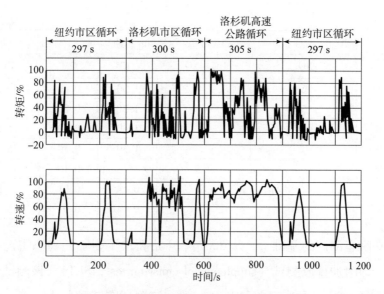

图 3.19　美国重型柴油机瞬态测试循环工况

$$实际转速 = (额定点转速 - 怠速转速) \times$$

$$归一化转速百分比 + 怠速转速 \qquad (3.5)$$

$$实际转矩 = 该转速下的外特性转矩 \times 归一化转矩百分比 \qquad (3.6)$$

采用全流式的稀释取样系统，在测量中要运行两遍该循环，先进行冷启动测试，在 20 min 热浸后进行热启动测试，污染物的测试结果为两次测试结果的加权平均值（冷启动 1/7，热启动 6/7）。两次试验的测试结果加权后再经过劣化系数（或劣化修正值）的校正，应满足排放限值要求。

美国重型柴油车污染物排放限值见表 3.14。

表 3.14　美国重型柴油车污染物排放限值

年份	排放限值/$[g \cdot (hp \cdot h)^{-1}]$				
	NO_x	$HC + NO_x$	HC	PM	CO
1974		16			40.0
1979		10	1.50		25.0
1985	10.7		1.30		15.5
1988	10.7		1.30	0.60	15.5

续表

年份	排放限值/[g·(hp·h)$^{-1}$]				
	NO$_x$	HC + NO$_x$	HC	PM	CO
1990	6		1.30	0.60	15.5
1991	5		1.30	0.25	15.5
1994	5		1.30	0.10	15.5
1998	4		1.30	0.10	15.5
2004		2.5		0.10	15.5
2007	0.2（50%达标）	2.5（50%达标）	0.14	0.01	15.5
2010	0.2		0.14	0.01	15.5

在瞬态测试的基础上，从 2007 年开始新增了附加的稳态工况测量要求，即附加排放测试（supplemental emission test，SET）。该测试包括 13 个稳态工况点，其定义和 ESC 一致。该测试有三种版本，第一种是与 ESC 的测试顺序、测试时间、加权系数完全一致的离散循环（discrete mode cycle，DMC）；另两种为在 13 工况点基础上进行的连续测试循环，包括 2007RMC 与 2010RMC，两种工况的工况点顺序都与 ESC 工况不同。其中 EPA 2007—2009 年的机型使用 2007RMC，或者使用 DMC；2010 年的机型可以选择使用 2007RMC 或者 2010RMC，而 2010 年以后的机型必须使用 2010RMC。该测试循环的限值与相应的 FTP 循环限值一致。此外，和 ESC 的要求相似但更为严格的是，在控制区域内的随机检查点，其测量比排放必须小于或者等于该点插值计算得到的比排放。

3. 中国重型汽车排气污染物测试方法及排放限值

国家质量技术监督局自 1999 年 3 月 10 日颁布了《压燃式发动机和装用压燃式发动机的车辆排气污染物限值及测试方法》，随后于 2001 年 4 月 16 日，国家环境保护总局和国家质量监督检验检疫总局重新发布了《车用压燃式发动机排气污染物排放限值及测量方法》，该标准规定型式认证试验采用发动机台架试验方法，采用 13 工况为测试循环工况，该标准与欧盟Ⅰ、Ⅱ阶段相当，排放限值见表 3.15。

表 3.15　中国 I 、II 阶段重型车排放限值

年份	排放阶段	CO 限值/ [g·(kW·h)⁻¹]	HC 限值/ [g·(kW·h)⁻¹]	NOₓ 限值/ [g·(kW·h)⁻¹]	PM 限值/ [g/(kW·h)⁻¹]		适用范围
					≤85 kW	>85 kW	
2000—2003	I 阶段	4.5	1.10	8.0	0.61	0.36	型式认证
2001—2004	I 阶段	4.9	1.23	9.0	0.68	0.40	生产一致性
2003—2006	II 阶段	4.0	1.10	7.0	0.15	0.15	型式认证
2004—2007	II 阶段	4.0	1.10	7.0	0.15	0.15	生产一致性

2005 年 5 月 30 日，国家环境保护总局和国家质量监督检验检疫总局联合颁布《车用压燃式、气体燃料点燃式发动机与汽车排气污染物排放限值及测量方法》（中国 III 、IV 、V 阶段），排放限值见表 3.16。此外，从 IV 阶段开始，增加了 OBD 要求，并要求排放关键件在有效寿命期内必须正常工作。

表 3.16　中国 III 、IV 、V 阶段重型车排放限值

排放标准	CO 限值/[g·(kW·h)⁻¹]	HC 限值/ [g·(kW·h)⁻¹]	NMHC 限值/ [g·(kW·h)⁻¹]	NOₓ 限值/ [g·(kW·h)⁻¹]	PM 限值/ [g·(kW·h)⁻¹]	烟度/ m⁻¹	测试工况
III 阶段	2.10	0.66	—	5.0	0.10/0.13①	0.80	ESC&ELR
	0.78	—	1.6	5.0	0.16/0.21①	—	ETC
IV 阶段	1.50	0.46	—	3.5	0.02	0.50	ESC&ELR
	0.55	—	1.1	3.5	0.03	—	ETC
V 阶段	1.50	0.46	—	2.0	0.02	0.50	ESC&ELR
	0.55	—	1.1	2.0	0.03	—	ETC
EEV	1.50	0.25	—	2.0	0.02	0.15	ESC&ELR
	0.40	—	0.65	2.0	0.02	—	ETC

注：①适用于每缸排量低于 0.75 L 及额定功率转速超过 3 000 r/min 的发动机。

2018 年 6 月 22 日，《重型柴油车污染物排放限值及测量方法（中国第六阶段）》正式发布，法规中用 WHSC 和 WHTC 替代了原有的 ESC、ETC 和 ELR 测试循环，并将实际道路行驶测量方法正式纳入对新车的监管体系中，排放限值见表 3.17。

表 3.17　中国Ⅵ阶段重型车排放限值

试验工况	CO 限值/[mg·(kW·h)⁻¹]	THC 限值/[mg·(kW·h)⁻¹]	NMHC 限值/[mg·(kW·h)⁻¹]	CH₄ 限值/[mg·(kW·h)⁻¹]	NOₓ 限值/[mg·(kW·h)⁻¹]	PM 限值/[mg·(kW·h)⁻¹]	PN 限值/[mg·(kW·h)⁻¹]	NH₃ 限值/10⁻⁶
WHSC 工况（压燃式）	1 500	130	—	—	400	10	8.0E + 10	10
WHTC 工况（压燃式）	4 000	160	—	—	460	10	6.0E + 10	10
WHTC 工况（点燃式）	4 000	—	160	500	460	10	6.0E + 10	10
WNTE 工况	2 000	220	—	—	600	16	—	—

3.3　在用汽车排气污染物检测方法

在用汽油车排气污染物定期检验，采用简易工况法（ASM、简易瞬态工况法）检测汽油车 CO、HC、NOₓ 排放浓度或排放质量，或采用双怠速法检测汽油车怠速工况 HC 和 CO 排放浓度；而在用柴油车排气污染物定期检验采用加载减速法检测排气烟度和 NOₓ 排放，或采用自由加速法检测烟度不透光度。

3.3.1　在用汽油车排气污染物检测方法及标准

1. 在用汽油车排气污染物检测方法

1）怠速法和双怠速法

怠速法和双怠速法（怠速＋高怠速）排放检验是采用简易的不分光红外线检测仪，测试汽油车怠速或高怠速（发动机转速在 2 500 r·min^{-1}）工况时尾气中 HC 和 CO 的排放浓度。

2）稳态工况测试方法

我国国内稳态工况测试方法主要分为 ASM5025 和 ASM2540 两种，如图 3.20 所示。前者是指经预热后的汽油车辆在底盘测功机上以 25.0 km·h^{-1} 的速度稳定运行，后者指运行工况为匀速 40 km·h^{-1}，两种测试工况下测试系统根据测试车辆的整备质量施加规定的载荷，测试过程中应保持测功机施加的转矩恒定，车速保持在规定的误差范围内，测试车辆排气中的 HC、CO 和 NO$_x$ 的浓度，检测结果以浓度表示。

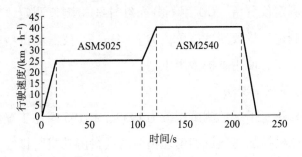

图 3.20　ASM 测试工况

ASM 可以识别80％以上的 CO 和 HC 的高排车，另外，ASM 对废气再循环阀的故障反应灵敏，因此对 NO$_x$ 的识别较为有效。尽管 ASM 相比无负荷的方法具有诸多优点，但与瞬态工况法相比，仍然与实际工况下的排放具有明显的差异。

3）瞬态工况法

我国在用汽油车瞬态排放测试工况为 IM195，如图 3.21 所示。整个 IM195 循环由怠速、加速、减速、等速等 15 个工况组成，测试时间为 195 s。

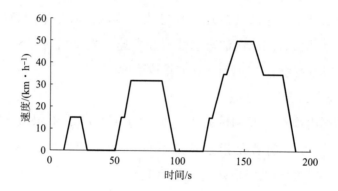

图 3.21　IM195 测试工况循环

IM195 是一种技术含量较高的检测方法，试验要求的底盘测功机控制精度比 ASM 更高，排气的取样系统采用定容取样，废气中 HC 用氢火焰离子化测定仪分析，CO 用不分光红外线检测仪测定，NO_x 用化学发光测定仪测定，排放测试值单位为 $g \cdot km^{-1}$。仪器测试精度高，所以仪器设备成本高、使用维护费用也高。

4）简易瞬态工况法

我国简易瞬态工况法测试规范为 195 s。IG195 瞬态工况法测试的设备包括一个能模拟加速惯量和匀速负荷的底盘测功机、排气取样系统以及一套气体分析设备等部分，如图 3.22 所示。其既吸取了 IM195 采用瞬态工况、测量稀释后排气量最终可得出污染物排放量的优点，也吸取了 ASM 直接利用简易尾气分析仪就可对各个污染物浓度测试的长处。系统根据测功机得到的车辆单位时间当量行驶距离，以及单位时间排放质量，能够计算出污染物单位里程的排放因子。

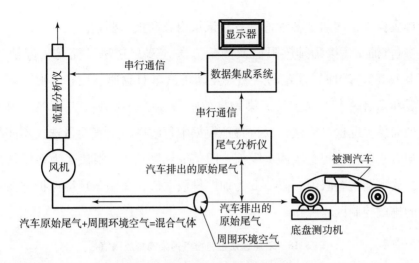

图 3.22　简易瞬态工况法测量系统组成

2. 在用汽油车排气污染物检测标准

GB 18285—2005《点燃式发动机汽车排气污染物排放限值及测量方法（双怠速法及简易工况法）》排放标准以"新车新标准，老车老标准"为指导原则，按照我国不同阶段实施的新车排放标准，分别制定了两套高、低怠速排放限值。2005 年，环境保护部对点燃式发动机汽车的排放限值制定了 HJ/T 240—2005《确定点燃式发动机在用汽车简易工况法排气污染物排放限值的原则和方法》，分别给出了采用稳态工况法、简易瞬态工况法和瞬态工况法进行在用汽车尾气检测时的有害污染物的排放限值范围。

2018 年 11 月 7 日，生态环境部正式发布了《汽油车污染物排放限值及测量方法（双怠速法及简易工况法）》（GB 18285—2018），2019 年 5 月 1 日起实施。汽油车 GB 18285—2018 标准统一规定了更加严格的在用车排放限值，限值全国统一，便于车主异地年检。排放限值不再区分排放阶段，老旧车辆难以通过排放检测，有利于淘汰老旧车辆；增加了 OBD 检查要求，对于 OBD 系统存在故障的车辆必须维修，才能进行排放检验，增加了各种检测方法记录内容和报送要求。

《汽油车污染物排放限值及测量方法（双怠速法及简易工况法）》（GB 18285—2018）规定的点燃式发动机汽车双怠速、稳态工况、瞬态工况和简易瞬态工况排气污染物排放限值，见表3.18～表3.21。对于三种简易工况检测方法，允许各地根据本行政区内空气质量选择不同的检测方法。标准规定了两类限值：限值a和限值b。限值a为在用汽油车排放定期检验限值；限值b为加严排放限值，适用于环境保护部门划定的排放控制区。

表3.18　双怠速法检验排气污染物排放限值

类别	怠速		高怠速	
	CO 限值/%	HC 限值/10^{-6}	CO 限值/%	HC 限值/10^{-6}
限值 a	0.6	80	0.3	50
限值 b	0.4	40	0.3	30

注：高怠速工况需要对过量空气系数（α）进行测定，测试前应按照制造厂使用说明书的规定预热发动机，高怠速转速下 α 应在 1.00 ± 0.05 或制造厂规定的范围内。

表3.19　稳态工况法检验排气污染物排放限值

类别	ASM5025			ASM2540		
	CO 限值/%	HC 限值/10^{-6}	NO 限值/10^{-6}	CO 限值/%	HC 限值/10^{-6}	NO 限值/10^{-6}
限值 a	0.5	90	700	0.40	80	650
限值 b	0.35	47	420	0.30	44	390

注：应同时进行过量空气系数（α）的测定。

表3.20　瞬态工况法检验排气污染物排放限值

类别	CO 限值/（$g \cdot km^{-1}$）	HC + NO_x 限值/（$g \cdot km^{-1}$）
限值 a	3.5	1.5
限值 b	2.8	1.2

注：应同时进行过量空气系数（α）的测定。

表 3.21　简易瞬态工况法检验排气污染物排放限值

类别	CO 限值/（g·km^{-1}）	HC 限值/（g·km^{-1}）	NO 限值/（g·km^{-1}）
限值 a	8.0	1.6	1.3
限值 b	5.0	1.0	0.7

注：应同时进行过量空气系数（α）的测定。

3.3.2　在用柴油车排气污染物工况法检测

与汽油机相比，柴油机排放的 HC、CO 要少得多，NO$_x$ 排放与汽油机排放在同一水平上，只是微粒排放比汽油机高出几十倍。因此对柴油机排放控制而言，主要是 NO$_x$ 和微粒控制。排放法规中规定的微粒测量方法是质量测量法，但是这种方法采用的设备复杂，操作费时费力，而且不能追踪微粒的瞬态排放特性，考虑到柴油机排气微粒的生成以碳烟粒子为核心，所以，以往 I/M 制度中柴油车测试主要测试排气烟度。

在用柴油车排气污染物检测方法如下。

1. 自由加速烟度法

1983 年我国发布了《柴油车自由加速烟度排放标准》（GB 3843—83），规定采用滤纸式烟度计进行柴油车自由加速烟度检测。目前，柴油车自由加速烟度采用不透光烟度计测量。

2. 柴油车加载减速法

加载减速工况的 3 个测量点分别是最大功率点、最大功率对应转速的 90% 转速点和最大功率对应转速的 80% 转速点。只有最大轮边功率、发动机转速范围和 3 个工况点测得的光吸收系数 k 或烟度值均满足标准限值，排放测试才判定为合格。

2018 年 11 月 7 日，生态环境部正式发布了《柴油车污染物排放限

值及测量方法（自由加速法及加载减速法）》（GB 3847—2018），2019
年 5 月 1 日起实施。标准要求全国在用柴油车排放检测使用加载减速
法，并新增了 NO_x 检测要求，针对不同柴油车采用全国统一排放限值，
不再区分排放阶段。排放限值见表 3.22。

表 3.22　在用柴油车排放检验限值

测试方法	污染物			
	光吸收系数		氮氧化物	
	限值 a	限值 b	限值 a	限值 b
自由加速	1.5 m^{-1}	0.8 m^{-1}		
加载减速	1.2 m^{-1}	0.7 m^{-1}	1 200 × 10^{-6}	900 × 10^{-6}
林格曼黑度	1 级			

限值 a 为在用柴油车排放定期检验限值；限值 b 为加严排放限值，
适用于环境保护部门划定的排放控制区。

3.4　车载排放测试方法

虽然，在台架上采用工况法测量汽车或发动机排气污染物具有很高
测量精确度和可重复性，但台架测试方法同样也有一定的局限性，不能
切实反映汽车实际行驶工况下的排放水平。因此，国内外汽车排放测试
逐渐从实验室测试过渡到实验室和实际道路并重的阶段。我国轻型车和
重型车国六排放标准均规定了实际道路行驶排放测试要求。

3.4.1　车载排放评估方法

车载排放测量技术是通过 PEMS 对车辆排气进行直接采集测试，具
体方法是将排气管直接连接到车载气体污染物和颗粒物测量装置上，实

时测量车辆各种排放物的体积浓度和排气流量，从而得到气态排气污染物的质量排放量和颗粒物排放量。

$$\dot{m}_i = \rho_i \times C_i \times \dot{Q}_e \times 10^{-3} \qquad (3.7)$$

式中，$\dot{m}_i$ 为排气污染物 i 的质量排放率，g/s；$\dot{Q}_e$ 为测得的瞬时排气体积流量，m^3/s；C_i 为排气中排气污染物 i 的浓度，10^{-6}；ρ_i 为排气污染物 i 的密度，kg/m^3。

根据瞬时排气体积流量 $\dot{Q}_e$ 和颗粒物数量浓度 C_{PN} 的乘积计算颗粒物的瞬态排放数量 $\dot{m}_{PN}$：

$$\dot{m}_{PN} = C_{PN} \dot{Q}_e \qquad (3.8)$$

式中，$\dot{m}_{PN}$ 为颗粒物瞬态排放数量，个/s；C_{PN} 为修正到 0 ℃的颗粒物数量浓度，个/m^3。

对于车辆实际驾驶循环周期内各种排气污染物的总排放量计算，采用瞬时污染物排放速率进行积分计算：

$$m_i = \int_{t_1}^{t_2} \dot{m}_i \mathrm{d}t \qquad (3.9)$$

式中，m_i 为排气污染物 i 的质量排放或颗粒物数量排放，g 个；t_1 为实际驾驶循环开始时间；t_2 为实际驾驶循环结束时间。

同样，我们通过以下方式计算车辆的总行驶距离：

$$S = \int_{t_1}^{t_2} v\mathrm{d}t \times 10^{-3} \qquad (3.10)$$

式中，S 为实际驾驶循环里程，km；v 为车速，m/s。

通过以下方式计算排气污染物"i"的排放因子（g/km）：

$$E_i = m_i/S \qquad (3.11)$$

采用 PEMS 进行车辆 RDE 测试能够覆盖更宽广的驾驶条件和环境条件，更能代表车辆在实际道路复杂交通环境下的真实排放水平，但在使用 PEMS 进行测量时车辆的排放水平受道路交通情况、驾驶员驾驶行为、环境天气等条件影响较大，为使 RDE 测试程序具有较强的规范性和可操作性，法规制定者提出了 RDE 测试的一系列测试要求和边界条件，并开发了与之相匹配的数据评估方法。

欧盟在汽车实际道路行驶排放法规论证阶段提出过三种排放数据处理及分析方法：基于车速分组的排放数据分类法、CO_2 移动平均窗口法和功率等级分组法，之后欧盟 RDE 法规中采用了后两种方法，且处于不断的完善和改进之中。而我国国6阶段轻型车法规中，考虑到国内实际，仅采用 CO_2 移动平均窗口法作为 RDE 试验的唯一数据处理方法。而国Ⅵ重型车法规中，排放结果通过功窗口法计算。美国重型车车载排放测试采用 NTE 方法。

3.4.2 轻型车车载排放测试数据处理方法

轻型车国六法规《轻型汽车污染物排放限值及测量方法（中国第六阶段）》（GB 18352.6—2016）规定轻型车车载排放测试数据处理方法采用 CO_2 移动平均窗口法。CO_2 移动平均窗口法的实质是首先基于一定的 CO_2 排放量参考值，目前标准中取值为实验室 WLTC 循环测得的 CO_2 排放量的一半，将车辆实际道路行驶排放数据分区间进行处理和分析，也就是分窗口。然后根据每个窗口的平均车速和 CO_2 排放因子对每个窗口性质进行判定分类，接着根据判定分类的结果对每个窗口的各污染物排放因子进行计算。最后根据每个窗口的各污染物排放因子计算市区、市郊、高速以及总行程各污染物排放因子。

具体的窗口划分步骤如下：首先按照法规要求对试验数据进行预处理，然后得到 RDE 试验过程中 CO_2 瞬时排放数据，一般来说是采样频率为 1 Hz 的逐秒排放数据，接着基于 CO_2 的量按照移动平均窗口法对试验数据进行窗口划分。

设 $t_{1,j}$ 和 $t_{2,j}$ 分别为第 j 个窗口的开始时刻和结束时刻，通过式（3.12）确定该窗口持续时间（$t_{2,j} - t_{1,j}$）：

$$M_{CO_2}(t_{2,j}) - M_{CO_2}(t_{1,j}) \geqslant M_{CO_2,\text{ref}} \tag{3.12}$$

其中，$M_{CO_2}(t_{1,j})$ 为测试开始到时间（$t_{1,j}$）的累积 CO_2 质量，g；$M_{CO_2,\text{ref}}$ 为车辆 WLTC 测得 CO_2 质量的一半（包括冷启动），g。

$t_{2,j}$ 按式（3.13）进行选择：

$$M_{CO_2}(t_{2,j} - \Delta t) - M_{CO_2}(t_{1,j}) < M_{CO_2,\text{ref}} \leqslant M_{CO_2}(t_{2,j}) - M_{CO_2}(t_{1,j})$$

$$\tag{3.13}$$

其中，Δt 为数据采样时间间隔，一般为 1 s。图 3.23 为窗口划分示意图，横坐标是某一时刻 CO_2 的累积质量排放量，纵坐标是该时刻某一排放物的累积排放质量。

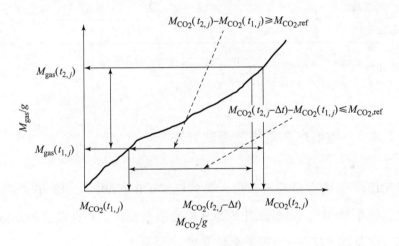

图 3.23　窗口划分示意图

窗口划分好之后，需要对窗口进行分类判别，需要注意的是此时根据窗口的平均车速来区分窗口属于哪个工况的窗口，且这里的速度划分节点与前文试验时划分标准不一样。当窗口平均车速小于 45 km/h 时，窗口属于市区窗口；窗口平均车速大于等于 45 km/h 且小于 80 km/h 时，窗口属于市郊窗口；窗口平均车速大于等于 80 km/h 且小于 145 km/h 时，窗口属于高速窗口。当划分所获得的窗口中，市区、市郊和高速窗口数量均至少占总窗口数量的 15% 以上时，可认为该 RDE

试验行程完整，试验完成。接着，还要根据窗口的性质对每个窗口的正常性以及行程动力学是否达标进行判定，计算各窗口的污染物排放因子。最后，根据每个窗口的各污染物排放因子计算市区、市郊、高速以及总行程各污染物排放因子。

车辆实际行驶污染物排放试验结果，市区行程和总行程污染物排放均不得超过 I 型试验排放限值与表 3.23 中规定的符合性因子（conformity factor，CF）的乘积，计算过程中不得采用四舍五入。

表 3.23　符合性因子[①]

车辆种类	NO_x	PN	CO[③]
点燃式	2.1[②]	2.1[②]	
压燃式	2.1[②]	2.1[②]	

注：①2023 年 7 月 1 日前仅监测并报告结果。
②2022 年 7 月 1 日前评估确认。
③在 RDE 测试中，应测量并记录 CO 试验结果。

3.4.3　重型车车载排放测试方法

2018 年，重型柴油汽车国六排放标准 GB 17691—2018 正式颁布，首次将整车 PEMS 测试结果作为型式检验申报要求，并在以往 NO_x 排放测试要求基础上增加了 PN 的测试要求。

重型车车载排放测试数据处理方法目前主要有功窗口法和 NTE 测试法两种。

1. 功窗口法

基于我国实际的道路水平和交通状况，综合重型车辆排放研究现状，我国重型车辆的实际排放测试数据处理方法采用功窗口法。

功窗口法不对所有的测试数据进行排放质量计算，该方法依据发动机台架测试循环功将整段排放测试数据分为不同的子集，这些子集称为平均窗口，每个窗口的长度通过测试车辆发动机对应的 WHTC 功或 ETC 功确定，国Ⅵ标准采用 WHTC 功确定窗口的大小，并以 1 Hz 的频率进行移动平均计算。

移动窗口的截取方法与轻型车窗口法类似，规定平均功率大于发动机最大功率的 20% 的窗口称为有效窗口，法规要求有效窗口的比例大于等于 50% 才能判定测试合规。若有效窗口的比例低于 50%，则可以降低功率阈值进行评价。将窗口平均功率阈值要求以 1% 为步长逐渐减小，直至有效窗口的比例达到 50% 及以上。若功率阈值降低至 10% 时有效窗口的占比仍未达到 50% 及以上，则判定试验失败。

功窗口法排放计算需要先计算排气污染物的瞬时质量排放，后根据功窗口法规则进一步计算功窗口法排放。气态排气污染物瞬时质量排放率计算公式如下：

$$\dot{m}_{gas,j} = u_{gas,j} \times c_{gas,j} \times \rho_e \times \dot{Q}_e \times \frac{1}{f} \times 10^3 \qquad (3.14)$$

式中，$\dot{m}_{gas,j}$ 为排气污染物瞬时质量排放，g/s；$u_{gas,j}$ 为排气中各污染物密度与排气密度比，见表 3.24；$c_{gas,j}$ 为背景修正后的排气组分平均浓度，10^{-6}；ρ_e 为排气密度，kg/m^3，取决于燃料，见表 3.24；$\dot{Q}_e$ 为瞬时排气流量，m^3/s；f 为采样频率，Hz。

表 3.24 u_{gas} 值和排气污染物密度

燃料	ρ_e/ (kg·m^{-3})	u_{gas}			
		NO$_x$	CO	CO$_2$	HC
柴油	1.294 3	0.001 587	0.000 966	0.001 517	0.000 479
CNG	1.266 1	0.001 621	0.000 987	0.001 551	0.000 528
丙烷	1.280 5	0.001 603	0.000 976	0.001 533	0.000 512
丁烷	1.283 2	0.001 600	0.000 974	0.001 530	0.000 505
LPG	1.281 1	0.001 602	0.000 976	0.001 533	0.000 510

排气颗粒物瞬时流率则根据式（3.15）计算：

$$\dot{m}_{PN,i} = c_{PN,i} \times \dot{Q}_e \times 10^6 \qquad (3.15)$$

式中，$\dot{m}_{PN,i}$ 为颗粒物瞬时数量排放率，#/s；$c_{PN,i}$ 为排气中颗粒物的数量浓度，#/cm³。

需要注意的是：以上所有涉及计算的污染物均需修正至 273 K、101.3 kPa 的标准状态后进行计算。

上一步已经获得了污染物的瞬时质量排放率，接下来依据功窗口法的规则计算排放值。每个窗口的污染物比排放 e_p [g/（kW·h）或#/（kW·h）] 的计算应采用式（3.16）和式（3.17）：

$$m_p = \sum_{t=t_{1,i}}^{t_{2,i}} \dot{m}_{gas,i/PN,i} \qquad (3.16)$$

$$e_p = \frac{m_p}{W(t_{2,i}) - W(t_{1,i})} \qquad (3.17)$$

式中：m_p 为各污染物的排放量，g 或#；$W(t_{2,i}) - W(t_{1,i})$ 为第 i 个平均窗口的发动机循环功，kW·h。

中国的国六重型汽车排放标准要求采用 PEMS 进行排放测量，该标准规定的最大海拔高度边界条件为 2 400 m，高于欧洲规定的 1 700 m 要求。在整车上进行实际道路车载法排放试验，要求 90% 以上的有效窗口，满足表 3.25 规定的排放限值要求。

表 3.25　整车试验排放限值

发动机类型	CO 限值/[#·(kWh)⁻¹]	THC 限值/[#·(kWh)⁻¹]	NO$_X$ 限值/[#·(kWh)⁻¹]	PN[①] 限值/[#·(kWh)⁻¹]
压燃式	6 000	—	690	1.2×10^{12}
点燃式	6 000	240（LPG） 750（NG）	690	—
双燃料	6 000	1.5 × WHTC 限值	690	1.2×10^{12}

注：①PN 从国六 b 阶段开始实施。

型式检验时，在整车上进行实际道路车载法排放试验，要求有效数据点中，95% 以上小于等于 500×10^{-6} 的 NO$_x$ 排放浓度要求，且在车辆实际道路行驶时，不能有可见烟度。该限值应在标准实施之前的 1 年内进行评估确认。

RDE 试验标准中，对于柴油车不同车型采用不同的车辆行驶工况，见表 3.26。

表 3.26 试验工况分布表   单位:%

车辆类别	工况比例		
	市区工况 （<60 km/h）	市郊工况 （60~90 km/h）	高速工况 （>90 km/h）
M1/N1 车辆	34	33	33
M2/M3/N2 车辆 （城市车辆除外）	45	25	30
N3 车辆 （城市车辆除外）	20	25	55
城市车辆 （公交、环卫、邮政）	70	30	

整个 RDE 试验行驶路线应保证试验可以连续进行 90~120 min，试验起点与终点之间的海拔高度差不能超过 100 m，且测试车辆总行程累计正海拔高度增加量不大于 1 200 m/100 km。

2. NTE 测试法

美国环保局从 2007 年开始采用 PEMS 设备对重型车的气态污染物进行实际道路测试，并提出以 NTE 法规来进行在用重型车的在用符合性检查。

NTE 控制区旨在反映重型车辆在实际运行中发动机所处负荷状态，减少因制造商按照实验室测试循环标定发动机排放而实际行驶过程中排放恶化的情况，图 3.24 为 NTE 控制区，其由四条曲线构成封闭空间。

（1）发动机外特性曲线。

（2）发动机 15% ESC 转速线：15% ESC 转速 $= n_{lo} + 0.15 \times (n_{hi} - n_{lo})$。

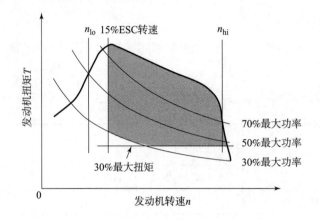

图 3.24　NTE 控制区

（3）30% 最大转矩曲线。

（4）30% 最大功率线。

在实际道路排放测试过程中，实际记录发动机的运行参数和 NO_x 污染物瞬时排放数据，当发动机在 NTE 控制区内运行超过 30 s，即记录为一个 NTE 事件。NTE 事件内污染物排放总质量与 NTE 事件内发动机的累积功的比值称为 NTE 事件比排放，单位为 g/（kW·h）。NTE 法通过 NTE 事件比排放的通过率来评价车辆排放。

NTE 事件加权时间是指该 NTE 事件在全部 NTE 事件中所占权重的时间。加权时间由以下 3 个时间确定，取最小值。

（1）该事件的实际持续时间。

（2）全部 NTE 事件中最短持续时间的 10 倍。

（3）600 s。

NTE 测试结果判定主要包含试验有效性判定和排放合格性判定两部分。当 NTE 事件数量大于 5 时，判定试验有效，进而判定排放是否合格。NTE 阈值主要由三部分构成：NTE 限值、在用符合性测试裕度和便携式测量设备的精确性裕度，NTE 阈值用于确认 NTE 事件通过率 R_{pass}。比排放低于 NTE 阈值的 NTE 事件加权时间与所有 NTE 事件加权时间的比值称为 NTE 事件通过率 [计算见式 (3.18)]，只有 NTE 事件通过率 $R_{pass} \geq 0.9$ 时，才能判定排放合格。

$$R_{pass} = \frac{\sum\limits_{m=1}^{n_{pass}} t}{\sum\limits_{k=1}^{n_{total}} t} \qquad (3.18)$$

式中，t 为 NTE 事件加权时间，s；n_{pass} 为比排放低于 NTE 阈值的 NTE 事件个数，#；n_{total} 为全部 NTE 事件个数，#。

NTE 要求适用于 2007 年及其以后的发动机型，NTE 限值是 2007 年限值的 1.5 倍，见表 3.27。对气态污染物（重点是 NO_x）排放的车载测试从 2007 年正式开始；由于重型车尾气颗粒物排放车载测量的难度大、技术要求高，对颗粒物的测试要求直到 2011 年才最终确定。

表 3.27　美国重型车载测量的 NTE 限值（美国 2007 年法规）

污染物项目	限值/[mg·(kW·h)$^{-1}$]	
NO_x	402	1.5×FTP 限值
NMHC	282	1.5×FTP 限值
CO	25 982	1.25×FTP 限值
PM	20	1.5×FTP 限值

3.5　本章小结

本章着重介绍汽车排放检测的台架试验方法和车载试验方法。首先介绍了采用台架试验方法的新生产汽车排气污染物检测方法、检测设备和相关排放标准及排放限值，然后介绍了在用汽油车排气污染物检测方法及相关标准，最后介绍了汽车排放的车载排放测试方法。

第**4**章

汽车排气污染物遥感检测设备及检测原理

汽车排放遥感检测设备是利用汽车排气中不同气体成分的吸收光谱波长的特性不同、根据所发射的光束射线被吸收程度来测定排气中的气体成分浓度，可以检测车辆 CO、HC、NO 等气态排气污染物和排气烟度，同时检测车辆的行驶状态，如车速和加速度，并利用摄像机将车辆牌照摄录下来。另外，遥测系统中还有其他辅助设备，用于测量环境条件，如温度、湿度、大气压力等。

4.1　汽车排气污染物遥感检测设备的种类

目前，遥感检测设备有两种常见的布置方法，分别是设置在马路两边的水平式和设置在龙门架上的垂直式，如图 4.1（a）和图 4.1（b）所示。另外，除了固定在马路边或龙门架上的固定式遥测设备外，还有可移动的遥测设备，容易装卸，可经常更换监测地点。

在美国，丹佛大学是最早一批开发遥测系统的研究机构之一。目

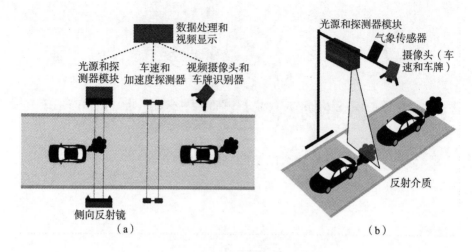

图4.1　遥感测试设备示意图

(a) 水平式；(b) 垂直式

前，遥测已经被用于 19 个州及华盛顿特区。加州、科罗拉多州和弗吉尼亚州是应用遥测最活跃的地区，每个州每年能收集几百万条遥感测试数据。欧洲从 1990 年开始利用遥测进行科学研究，大部分都是利用水平式的开放光路系统。英国、法国的一些遥感测试使用了垂直式系统。

　　在中国，诚志股份（SZ000990）新能源子公司安徽宝龙环保科技有限公司（以下简称"诚志宝龙"），研发制造出国内第一台自主知识产权的遥测设备，目前，该公司产品已经应用到全国 27 个省区市，本章内容以诚志宝龙的水平式遥测设备为例介绍汽车排放遥感检测设备组成及检测原理。

4.2　遥感检测的光谱法原理

　　所有的原子或分子均能吸收电磁波，且对吸收的波长有选择性，这种现象的产生主要是因为原子或分子的能量具有量子化的特征。在正常状态下原子或分子处于一定能级即基态，经光激发后，随激发光子能量的大小，其能级提高一级或数级，即分子由基态跃迁到激发态，也就是此分子不能任意吸收各种能量，只能吸收相当于两个或几个能级之差的能量。换言之，原子或分子只吸收一定能量的光子或其倍数。当以某一范围内的光波连续照射分子或原子时，有某些波长的光被吸收，于是产生了由吸收谱线所组成的吸收光谱。

光谱按其特征可分为分立谱与连续谱。

分立谱由一些线光谱组成，线光谱的光强分布是在一些频率上出现极大值分布形式。从量子的观点来看，原子的束缚能级之间的跃迁产生分立的线光谱。按爱因斯坦跃迁理论，当原子从入射光中吸收了频率为 $\nu = (\varepsilon_k - \varepsilon_i)/h$ 的光子后，它从低能级 i 跃迁到高能级 k，如图 4.2 所示。由于原子的吸收，当一束白光通过一原子系统时，在透射光中将出现吸收谱线。

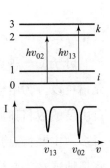

图 4.2　分立能级间的跃迁

连续谱是在一段光谱区上光强为连续过渡而无法分离的光谱。一般热辐射所产生的光谱是连续谱。当原子或分子在辐射的激发下电离时，能形成连续的吸收光谱。在等离子体中，电子的热辐射或电子与离子的复合会产生连续的发射光谱。

4.2.1　分子光谱原理

分子是由原子组成的，依靠原子间的相互作用力形成化学键，并把原子结合在一起。参与化学键的主要是原子的外层电子，即价电子。形成分子后价电子的运动状态发生了很大的变化。

分子内部存在着下列三种运动。

（1）价电子在键连着的原子间运动。

（2）各原子间的相对运动——振动。

（3）分子作为一个整体的转动。

分子内部的三种运动并不是互相独立的，而是互相影响的，不能严格加以区分。但是三种运动的快慢明显不同，其中价电子的运动比原子间的振动快得多，因此在价电子运动的时候可以认为原子是不动的；而在研究原子的振动时，可以认为分子不转动。这样，一个分子的总能量可以近似地写成三种能量之和：

$$E = E_e + E_v + E_J \tag{4.1}$$

式中，E_e、E_v、E_J 分别为分子的电子、振动与转动能量。

分子的三种运动状态都有与之相应的振荡偶极矩，因而产生的分子光谱可以分为电子、振动与转动光谱。由于分子的结构比较复杂，运动自由度的数目比原子的多得多，因而与原子光谱相比，分子光谱要复杂得多，主要特点是能级的数目和可能跃迁的谱线数目很多，有许多谱线密集地连在一起形成带状光谱。其基本特征如下。

（1）纯粹的转动光谱只涉及分子转动能级的改变，不产生振动和电子状态的改变，转动能级间距离很小，吸收光子的波长长、频率低。两个转动能级相差 $10^{-3} \sim 10^{-2}$ kcal·mol^{-1}，单纯的转动光谱发生在远红外和微波区。

（2）振转光谱反映分子转动和振动能级的改变，分子吸收光子后产生振动能级的跃迁，在每一振动能级改变时，还伴有转动能级改变，谱线密集，显示出转动能级改变的细微结构，吸收峰加宽，称为振动－转动吸收带，或振－转吸收。引起这种改变的光子能量比第一种的高，两个振动能级相距为 $0.1 \sim 10$ kcal·mol^{-1}，产生于波长较短、频率较高的近红外区，主要在 $1 \sim 30$ μm 的波长区。

（3）分子吸收光子后使电子跃迁，产生电子能级的改变，即为电子光谱。引起这种改变所需的能量比前两种高，为 $20 \sim 300$ kcal·mol^{-1}。电子能级的变化都伴随有振动能级与转动能级的改变，所以两个电子能级之间的跃迁不是产生单一吸收谱线，而是由很多相距不远的谱线所组成的吸收带。样品在气态或非极性溶剂中测定时，吸收带显示出由于振动和转动能级的改变而引起的复杂细微结构变化。

如前所述，可调谐二极管激光吸收光谱学（TDLAS）就是利用气体分子在红外光谱区孤立振－转吸收谱线来实现测量的。

理论上，不同的气体在某一波长处对光的吸收谱线应该是一条带宽为零的吸收线，然而，我们看到的谱线都是以某一频率 ν_0 为中心向两边扩展的谱线。这就是光谱线加宽。造成谱线加宽的原因有以下几个。

（1）自然加宽：这是一种均匀加宽，即每个发光粒子对谱线的展宽都做了同样的贡献。

（2）碰撞加宽：这种展宽方式在高压下比较常见，因为高压下，大量粒子的无规则热运动会导致各粒子间的相互碰撞。这也是均匀加宽。

（3）多普勒加宽：当不计自然加宽和碰撞加宽时，若气体粒子静止不动，则其发射的光谱线将是频率为 ν_0 的一根单频谱线。但因气体粒子的热运动，接收器接收到的发射光频将引起多普勒频移，从而使接收光谱线加宽。这种因多普勒效应引起的光谱线的加宽，称为多普勒加宽。显然，多普勒加宽是一种非均匀加宽，即气体介质中某些特定速度的粒子只对某个特定频率的光有贡献，不同速度的粒子则对不同的频率才有光贡献。

4.2.2　可调谐二极管激光吸收光谱学

分子光谱学是基础物理研究和实际应用的有效工具。基于分子吸收谱线理论，有多种气体分析方法，DOAS（差分吸收光谱）是利用分子的紫外吸收的一种方法。但分子的吸收在电磁频谱的红外区更为活跃，所以许多技术现在都瞄准了利用分子在红外区的吸收，进行低浓度的气体测量。

在光谱学分析中有两种主要的观点：一种是同时测量尽可能多的气体，傅里叶变换红外光谱仪就可以实现这个目标，但这种仪器价格昂贵、测量速度慢，对所有的被测气体来说，不能同时工作在最优条件下，所以导致了平均的灵敏度不高；另一种是一次只测量一种气体，但是能够给出最好的结果。可调谐二极管激光光谱技术就是这样的一种方法，它具有高灵敏度、高选择性，而且易于操作，同时价格相对便宜。这种方法的主要优点在于通过改变二极管激光器的温度或注入电流，能够使其波长有选择地并且连续地扫描通过某种气体的分子吸收线。由于可调谐的特点，就可以采用频率调制技术来有效地抑止噪声。大部分气体的基本吸收峰在中红外区（2～20 um），因此选择这个区域对气体分析是最好的，但是在这个波段的二极管激光器一般都要工作在低温下，维护相当困难。因此一般选择工作在室温下的近红外波段的激光器，这时利用的是气体的泛频吸收峰，为了补偿吸收强度，可以增加光程长度或者采取降低噪声的方法。

1. 吸收光谱的定量分析基本原理 Lambert-Beer 定律

不同的分子对光辐射的吸收是不同的，也就是说不同的分子有着自己不同的吸收"指纹"。当一束光穿过大气或被注入某种气体的样品池时，光线会被其中的分子选择性地吸收，使得其在强度上和结构上都发生变化，与原先的光谱进行比较就可得出吸收光谱，通过分析吸收光谱不但可以定性地确定某些成分的存在，而且还可以定量地分析这些物质的含量。

光源发出强度为 $I_{0(\lambda)}$ 的光，传输一定距离 L 后，由于光路中气体分子对其吸收，我们在接收端测得的强度为 $I_{(\lambda)}$，$I_{(\lambda)}$ 和 $I_{0(\lambda)}$ 之间的关系可由 Lambert-Beer 定律得出：

$$T = I_{(\lambda)}/I_{0(\lambda)} = \exp\left(-\beta c L\right) \tag{4.2}$$

式中，T 为传输距离 L 后的大气透过率，%；$I_{0(\lambda)}$ 和 $I_{(\lambda)}$ 分别为通过距离 L 前、后的光强；c 为气体的浓度；β 为气体吸收截面，cm^{-1}。它表明光强随传输距离的增加呈指数规律衰减。当我们知道了公式中的 3 个参数时，就可以测出另外 1 个的值。在我们所使用的机动车尾气遥测仪中，要测量的是气体浓度 c，而其他参数明显是很容易得到的，其中 β 为实验得出的常数；光程 L 为光束在大气中传输的距离；T 值可以直接从光谱图上读取。

2. 直接吸收光谱

测量 TDLAS 系统的直接吸收光谱，有两种工作方式：一种方式是将激光器的波长固定在吸收线的谱线中心；另外一种方式是激光的波长不停地扫描通过吸收线，并且通过信号平均得到一条谱线。

在理论上，第一种方法能够得到更高的灵敏度，因为在给定的带宽内，它给出了最大信号点上的最大影响因子，但这种方法容易受到环境条件的影响，如在温度改变的时候，吸收线的中心频率可能也将发生改变，这时将造成一定的测量误差。

第二种方法更有其优点，因为测量一条整根谱线，谱线的特征可以被清楚地看到，这样能够清楚地看到是否存在干扰或者是标准具条纹等。利用先进的数据处理方法，就能够克服固定波长技术中难以避免的系统误差对测量的影响。这些误差包括了剩余的标准具条纹、随着时间漂移的剩余幅度调制和其他在附近的吸收线影响等。

图 4.3 为典型的直接吸收测量方法示意图。

直接吸收法典型的分析过程为，通过锯齿扫描改变激光器的注入电流来对激光器的波长进行调谐，激光的输出被分成两束，其中一束直接通过测量的气体介质，被探测器检测，由于气体的吸收，它的强度如图 4.4（a）所示，通过对谱线上没有气体吸收的区域进行低阶的多项式

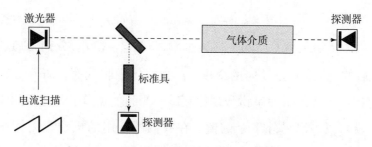

图 4.3　典型的直接吸收测量方法示意图

拟合，可以得到近似的初始激光强度 ［图4.4（a）］，由这两个强度能够得到随时间变化的吸光度，但要反演气体的浓度，需要将吸光度转换到频域，因此用另外一束激光通过标准具，其强度被测量 ［图4.4（b）］，标准具谱线的峰–峰值之间的距离在光学频域是一个常量，也就是标准具的自由谱线范围（FSR），因此，标准具的谱线反映了激光的频率与时间的关系，利用这种关系可以将吸光度转换到频域，得到频域上的吸收谱线（图4.5），然后用理论上的跃迁线型去拟合这条谱线，就能够得到气体的浓度。

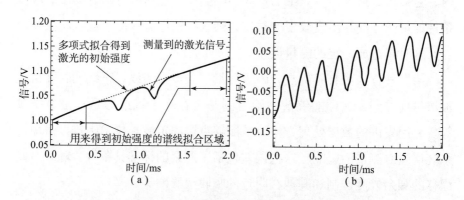

图 4.4　两束激光分别通过气体介质和样品池后测得的信号

（a）气体介质谱线；（b）样品池谱线

3. 波长调制光谱技术

由于采用直接吸收光谱法受到激光器、探测器、电路等低频噪声的

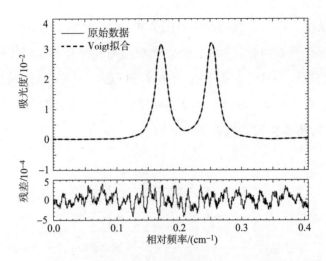

图 4.5　频域下直接吸收光谱的拟合及残差图

影响，为了提高检测灵敏度，发展了调制光谱技术。TDLAS 技术中用到了调制光谱技术，它有两个方面的优点：首先它产生一个与痕量气体浓度直接成比例的谐波信号，而不是像传统吸收测量方法那样，在大的信号上测量小的变化。这样减少了不稳定性。其次，这种技术还可以实现在激光噪声被大大缩减的频率上检测信号。目前在 TDLAS 系统中有两种类型的调制技术：波长调制光谱（WMS）和频率调制光谱（FMS）。这两个概念容易引起误解，因为这两种方法实际上都是对激光器的波长（光学频率）进行调制。重要的不同是：FMS 的调制频率等于或者大于吸收线宽，而 WMS 的调制频率是远远小于线宽的。因此，FMS 用的调制频率一般在 500 MHz 左右，而 WMS 的调制频率在 50 kHz 左右。因为 WMS 和 FMS 之间没有本质的区别，所以使其工作在 1 ~ 50 MHz 的频率下，能够得到 FMS 的工作优点，而花费不高。WMS 是首先被应用的，直到现在大多数系统仍然采用。它是具有商业价值的系统。在理论上，FMS 的灵敏度要比 WMS 高出两个数量级，本质上是因为，在它的工作频率上，激光器的噪声可以忽略不计。然而，当在野外环境中进行测量时，进行 1 min 或者更长时间的平均，也能够获得一个比较高的灵敏度。FMS 系统的费用要比 WMS 系统贵得多，主要是因为高频的调制器、探测器和混频器要比低频的费用高。在对痕量气体的测量中，FMS 是否将取代 WMS，还是一个有争议的问题。但 FMS 在需要快速响应的环境下，有其重要的优势，如在与漩流相关的气溶胶的测量中。

WMS 的基本试验装置如图 4.6 所示。

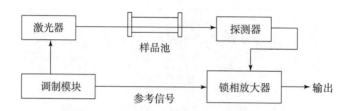

图 4.6　WMS 的基本试验装置

通过调制模块产生调制波，改变激光器驱动电流，激光器的频率被调制，当光通过样品池的时候，在有吸收线的频率上，激光器的频率调制将产生辐射强度的调制，然后信号被锁相放大器（对于 WMS）或者混频器（对于 FMS）检测。

FMS 的明显特征是它的调制频率 υ_m 与吸收线宽相当。这种调制在激光的中心频率 υ_c 上产生旁带 $\upsilon_c \pm n\upsilon_m$。在 FMS 中吸收线只是通过这些旁带的一两个进行探测，而在 WMS 中（υ_m 远远小于线宽），对吸收线的探测要通过成百上千的邻近的旁带。FMS 的优点是，在 υ_m 或者它的几倍频上进行检测，这些频率在 300 MHz（典型的线宽）左右，而在这个区域激光的额外噪声可以忽略不计。其缺点是，300 MHz 带宽的中红外探测器既昂贵又易碎。这个问题的一种解决方案是，用两个相近的频率 υ_1 和 υ_2 去调制，两个频率都和线宽同量级。在这种情况下，一个吸收信号在差频 $\upsilon_1 - \upsilon_2$ 上产生，这个值可以选择在 10 MHz 左右，此时的激光额外噪声仍然很小，但是探测器要便宜得多。这种技术被命名为双调谐频率调制光谱（TTFMS），相应地原来的单调频技术被称为单调谐 FMS（STFMS）。

　　单频调制的缺点是，它对信号的检测在调制频率上。如前所述，典型的调制频率与吸收线宽同等量级，在 500 MHz 左右，而 500 MHz 带宽的中红外探测器昂贵且易损毁。

　　双频调制光谱技术的最大优点是，可以用任意大的调制频率对激光进行调制，以便在边带上得到最大的差分吸收信号，而在很低的差频上进行检测，这样就允许用相对比较低的带宽的探测器和解调电路。在压力展宽达到几 GHz 时，TTFMS 是一个很有吸引力的检测吸收技术。它需要对二极管调制在两个不同的无线电频率 v_1 和 v_2 上，检测频率则为这两个频率的差值。

4.2.3　典型遥感检测设备中的红外 TDLAS 系统

1. 遥测设备 CO、CO_2 检测系统的组成

红外检测系统由红外激光器、红外反射镜、吸收池、校准池、光纤、红外探测器等部件组成。其相互关系如图 4.7 所示。

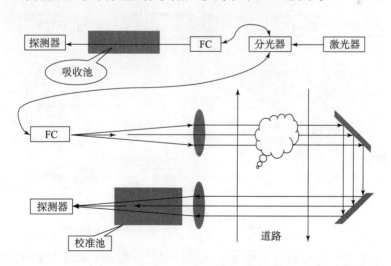

图 4.7　红外光路示意图

红外激光器发射出红外激光，通过光纤分束器将激光分成两束。一束激光通过光纤射入充有一定浓度的 CO 和 CO_2 的吸收池中，在吸收池的另一端通过探测器探测被 CO 和 CO_2 吸收过后的波形，此束激光的作用是用来锁定 CO 和 CO_2 的吸收波长。另一束激光作为红外光源，通过准直镜后产生平行光，由道路另一侧的反射镜反射到红外探测窗口上。在图 4.7 中可以看到在探测器前还有一个校准池，其作用是在监测开始前，先向池中通入一定浓度的样气作为参考标准。在实时的监测过程中，应先将此池中的样气排尽。

由于激光有很强的单色性，也就是说，某个激光器只能发射出一个波长的光。一个波长的光只能检测一种气体，对于我们多组分痕量气体的监测来说，这显然是不够的。如果在系统中加入其他波长的激光器，成本和系统的复杂性也会随着增加。于是我们采用了可调谐二极管激光器，即采用不同的电流来驱动激光器发出不同波长的激光。调制电流会随着时间做周期性的变化，从而激光波长也会在某个波段内不停地扫描探测器。图 4.8 为可调谐二极管激光器调制原理。

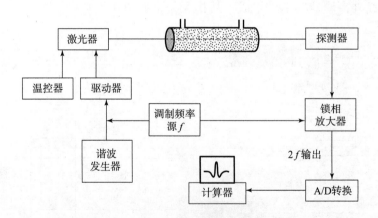

图 4.8　可调谐二极管激光器调制原理

激光温度控制和电流控制电路，使得二极管激光器工作在恒定温度下，输出功率稳定的近红外激光，并将其调节在待测气体吸收谱线的中心波长处。由锯齿扫描电路输出频率为100 Hz、幅度一定的锯齿波信号到激光器的电流控制部分，以对待测气体吸收谱线进行扫描。由高频信号产生电路输出一频率为 f 的正弦波信号对激光器的注入电流进行调制，以实现波长调制。经过调制的激光通过长度 $L = 10$ cm 的充有待测气体的样品池，然后由探测器接收，把光信号转化为电信号，送至锁相放大器。锁相放大器根据高频信号产生电路输出的 $2f$ 频率的参考信号，对探测器信号进行解调，从而输出二次谐波吸收信号，并由计算机采集和处理。

2. 检测波长的选择

选择吸收线主要考虑的因素如下。

（1）对于痕量气体的监测，为了提高灵敏度需要选择一个强的吸收线。（对于吸收很强的气体可能需要选择一个弱的吸收线，以避免非线性响应。）

（2）由于二极管激光器的调谐范围并不总是连续的，一个特定的吸收线可能无法得到。即便二极管开始具有在某个波长工作的能量，随着时间的变化，它的特性也可能发生变化。因此在激光器的调谐范围内（典型的为 100 cm^{-1}），选择一个具有多个强吸收线的波长范围是非常重要的，以便保证至少有一个吸收线可用。

（3）如果可能的话，选择一个与该气体的其他吸收线能够分开的线，但这不是绝对的要求，而且对于结构复杂的气体分子，也是非常难以实现的。

（4）吸收线应该与其他的干扰线分开，这些干扰线可能是其他的痕量气体的吸收线，也可能是像 H_2O、CO_2 或 O_3 这些比较丰富的大气组分的吸收线。它们可能引起许多问题，因为它们在大部分的红外区域都有吸收，具有相对高而且变化大的浓度，即便是在它们弱的吸收线处，也可能导致很强的吸收。

图 4.9 是利用红外波段对 CO 和 CO_2 同时检测时所选取的波段范围。根据上述谱线选取原则，我们所选波段范围在 1.57 um 附近，很好地避开了水汽、甲烷等其他气体的影响。图 4.10 为根据 HITRAN 大气分子数据库得到的 CO 和 CO_2 在 1.57 um 波长附近的吸收谱线。

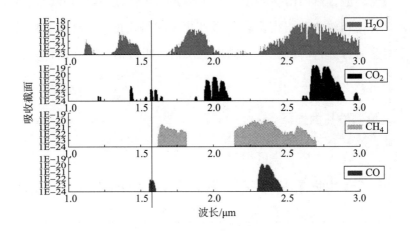

图 4.9   波段选择

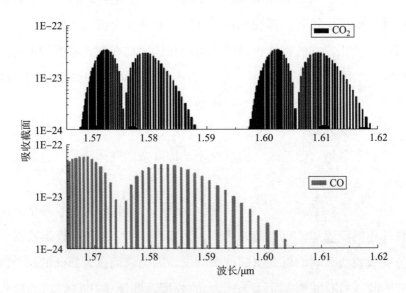

图 4.10   CO、CO_2 吸收谱线

根据以上原则，结合激光器实际输出波长，确定尾气中 CO 和 CO_2 的检测中心波长为 1 579.737 nm 和 1 579.574 nm。

3. 检测信号与浓度的关系

根据调制光谱理论，气体浓度与其二次谐波吸收光谱信号成正比。为了验证该理论是否同样适用于所选择的 CO 和 CO_2 的吸收谱线，通过往样品池中分别充入不同浓度的 CO 和 CO_2 气体，测量所对应的二次谐波光谱，我们得到了图 4.11 和图 4.12 所示的二次谐波光谱信号。其中，吸收池的长度均为 10 cm，调制频率为 4.4 kHz，调制度为 2.2，即最佳调制度。

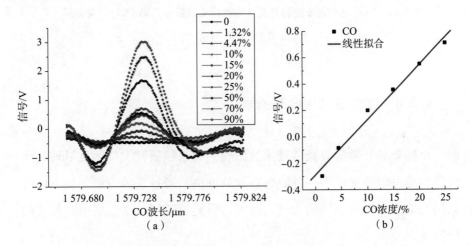

图 4.11　CO 信号与浓度的关系（线性相关系数为 0.992）（见彩插）

(a) 二次谐波光谱信号；(b) 线性拟合

从图 4.11（a）和图 4.12（a）中可以看到，在保持调制频率和调制度不变的情况下，CO_2 和 CO 的二次谐波吸收光谱信号的形状保持不变，谱线宽度也同样保持不变，只是谱线各点的绝对幅值发生了改变。图 4.11（b）和图 4.12（b）为图 4.11（a）和图 4.12（a）数据的线性拟合，可以看出，在一定的浓度范围内，CO 和 CO_2 的浓度与其吸收信号有着良好的线性关系。

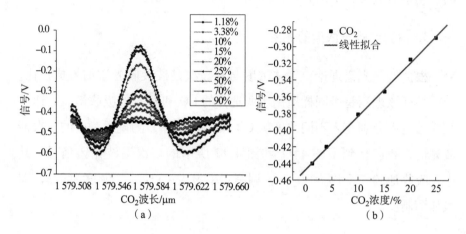

图 4.12 CO_2 信号与浓度的关系（线性相关系数为 0.998 96）（见彩插）

（a）二次谐波光谱信号；（b）线性拟合

4.2.4 紫外差分吸收光谱学

长程差分光学吸收光谱技术的出现，为人们研究大气污染机理、大气化学动力学等提供了一种简单有效的方法。通过这种方法人们不但可以研究地面附近边界层的大气，还可以研究对流层、平流层中的大气污染情况。

在机动车尾气测量中，除了 CO 和 CO_2 外，NO 和 HC 也是非常重要的监测内容。我们一般利用紫外波段的 DOAS 技术进行测量。

1. 紫外 DOAS 基本原理

与实验室中的光谱测量不同，在开放的光路中，要测量光在没有气体吸收时的初始强度 $I_0(\lambda)$，就必须将开放光路中的气体移走，这显然是不可能的。在这种情况下，引入了"差分"吸收的概念，它可以被定义为总吸收的一部分。

上面我们已经介绍过，光源发出强度为 I_0 的光，经过一定距离的传输后，由于某种气体分子对其吸收，我们在接收端测得的强度为 I，I 和 I_0 之间的关系遵循 Lambert-Beer 定律。这考虑的是一种理想情况下的吸收，即吸收池中仅仅含有某一种被测气体成分。但在实际的大气测量过程中，还要考虑到瑞利（Rayleigh）散射和米氏（Mie）散射的影响，此时，Lambert-Beer 定律变为如下形式：

$$I(\lambda) = I_0(\lambda)\exp(-\sigma(\lambda)NL + \varepsilon_R(\lambda) + \varepsilon_M(\lambda)) \tag{4.3}$$

其中，$\sigma(\lambda)$ 为该气体的吸收截面；N 为该气体的浓度；L 为吸收光路长度。

$\varepsilon_R(\lambda)$ 表示的是，由于空气分子引起的瑞利散射消光。因为被散射的光无法进入探测器中，该过程不是气体的吸收过程。在 DOAS 技术中，也可以将其假设为一个分子吸收过程。Penndorf 的研究表明，瑞利消光系数可以表示为

$$\varepsilon_R(\lambda) = \sigma_R(\lambda)c_{air} \approx \sigma_{R0}\lambda^{-4} \tag{4.4}$$

式中，c_{air} 为空气分子的浓度（在 20 ℃、1 标准大气压下，约为 $2.4 \times 10^{19}\ cm^{-3}$）；$\sigma_R$ 为瑞利的"吸收截面"，对于空气，$\sigma_{R0} \approx 4.4 \times 10^{-16}$。

$\varepsilon_M(\lambda)$ 表示的是，由于大气中气溶胶分子引起的米氏散射消光。这个过程只有一部分是吸收过程，同样，可以按照处理瑞利散射的方法，将其看作一个吸收过程，米氏散射的消光系数为

$$\varepsilon_M(\lambda) = \varepsilon_{M0}\lambda^{-n}, n = 1 \sim 4 \tag{4.5}$$

在 300 nm 时，典型的瑞利散射和米氏散射消光分别为 $1.3 \times 10^{-6}\ cm^{-1}$ 和 $1 \times 10^{-6} \sim 10 \times 10^{-6}\ cm^{-1}$。

为了消除开放大气中干扰气体及瑞利散射或米氏散射影响，我们将被测气体分子的吸收截面分成两部分：

$$\sigma(\lambda) = \sigma_0(\lambda) + \sigma'(\lambda) \tag{4.6}$$

式中，σ_0 为随着波长做慢变化的吸收截面部分；σ' 为随着波长做快变

化的部分，瑞利散射和米氏散射的截面是随着波长做慢变化的。图 4.13 为 SO_2 吸收截面分成两部分的示意图。

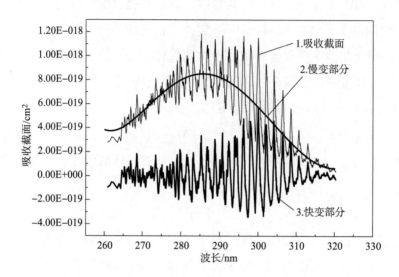

图 4.13 SO_2 吸收截面分成两部分的示意图

将式（4.6）代入式（4.3）得到

$$I(\lambda) = I_0(\lambda)\exp[-\sigma'(\lambda)NL] \cdot \exp[-\sigma_0(\lambda)NL + \varepsilon_R(\lambda) + \varepsilon_M(\lambda)] \cdot A(\lambda) \tag{4.7}$$

式中，第一个指数项反映了痕量气体的差分吸收结构的贡献，而第二个指数项由痕量气体的慢吸收以及瑞利散射和米氏散射组成。其中，消光因子 $A(\lambda)$ 反映了由于光学系统等因素造成的光衰减，它一般也是波长的慢变化函数。

令式（4.7）右端没有差分吸收的部分为

$$I'_0(\lambda) = I_0(\lambda)\exp[-\sigma_0(\lambda)NL + \varepsilon_R(\lambda) + \varepsilon_M(\lambda)] \cdot A(\lambda) \tag{4.8}$$

式中，$I'_0(\lambda)$ 为波长的慢变函数，实际上也就是测得的光强 I 的低频成分，可以通过对 I 进行低通滤波近似得到。

下面定义一个新的量，差分光学密度为

$$OD = \ln \frac{I'_0(\lambda)}{I(\lambda)} = \sigma'(\lambda) NL \qquad (4.9)$$

显然当 OD 已知时，因为 L 是已知的，$\sigma'(\lambda)$ 为实验室测得的数据，便可以计算得到痕量气体的浓度 N。

从这种方法的原理可知，该方法只适合监测那些分子具有窄带吸收特征的痕量气体，当一种气体在很长的波长范围内有连续吸收时，这种方法可能将其作为慢变化去除掉。另外，该方法对消光过程是不敏感的，因此能够有效地克服瑞利散射、米氏散射以及雾颗粒等造成的光强减弱的影响。

2. 典型遥测设备中紫外 DOAS 系统的组成

相对于实验室测量痕量气体来说，我们这里采用的是开放式气体吸收系统。大气中存在的其他成分，难免会对被测气体造成或多或少的影响。前面已经提到，对于这种影响，我们可以采取"差分"的方法将它消除，对我们测量精度的影响不会太大。

与红外检测系统相比，NO_x 和 HC 检测系统的组成要简单许多，图 4.14 为紫外检测系统结构图。

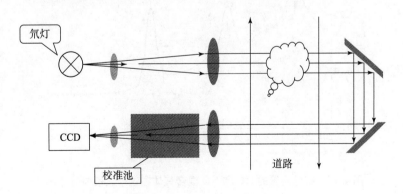

图 4.14　紫外检测系统结构图

其中，氙灯为紫外光源，发射的紫外光通过准直以后射到道路对面的角反射器上，再由反射器将光沿与入射方向平行的光路返回紫外接收窗口。在接收窗口后置一 CCD（紫外线阵传感器）光谱仪，调整光谱仪位置，便可探测到紫外光强变化。图 4.14 中校准池的作用同样是标定 NO_x 和 HC 浓度。

3. 紫外波段及光源的选择

在测量中，用 CCD 能够测到 200～250 nm 范围内的光谱。对于 NO 和 HC 的分析，也要选择波段。图 4.15 为实际测量的 HC 和 NO 混合气体在这个波段内的光谱，其中，用 1，3-丁二烯（C_4H_6）来表示尾气中的 HC。从图 4.15 中可以看到，在这个波段内 NO 拥有如图中标出的三个吸收峰，吸收很强，而 HC 在该波段的吸收为光谱范围较宽的带谱。由于在机动车尾气中 NO 的浓度也比较高，因此只要选择一个吸收峰进行浓度反演就足够了，这样 NO 的波段可以选择 225～230 nm 波段，而 HC 可以选择 NO 吸收的两个峰之间的波段，即 217～223 nm。

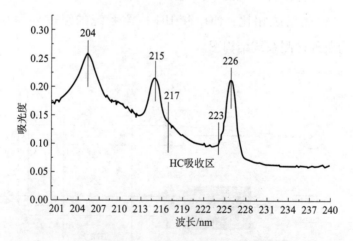

图 4.15　实际测量的 HC 和 NO 混合气体在这个波段内的光谱

鉴于以上测量波段的选择，以及为了获得更大的输出光强，我们选取氘灯作为紫外光源。

4.2.5　尾气烟度不透光度监测方法

遥测尾气烟度不透光度的定义为，光源发出的光穿过机动车排气烟羽到达仪器光接收器的吸收百分比。

烟度遥测仪采用透光度测量法和 10 对光电传感器光路，一侧发射 10 路光束，另一侧分别接收这些光束。光源采用调制方式工作，可以有效避免环境光对测量的影响，光束范围覆盖了绝大多数的机动车排气管高度，可以得到过往机动车尾气烟度排放的一个垂直断面分布指标的测量结果，透光度分为 100 级，测量精度较高。其结构简图如图 4.16 所示。

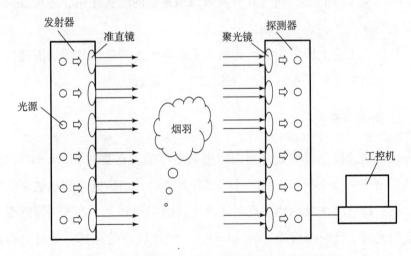

图 4.16　诚志宝龙 BLH-1Y 型烟度遥测仪结构简图

从发射器中的光源发出的光经过准直镜准直地发射到接收器，由接收器中的聚光镜汇聚到探测器上，探测器将随光强变化的信号送到微机。当烟尘遮挡发射器和接收器之间的光路时，给出一个呈垂直方向分布的光强衰减信号，数据采集电路将此信号送给微机，由软件计算出烟度的各项指标结果。

本系统还可同时测量机动车的速度、加速度，实现机动车牌照识别，具有高精度、实时性、高监测效率的优点。

对比传统滤纸式烟度计，光学烟度遥测仪有明显的优点：无耗材、易维护、不停车检测等。

4.2.6　机动车速度和加速度的测量

机动车排放的尾气成分和浓度，与其行驶速度的大小、是加速行驶还是减速行驶，都有着直接的联系。比如柴油车在加速、爬坡或是高负荷情况下行驶时，冒出的黑烟浓度明显增加，其尾气的成分和浓度肯定也会有所变化。所以作为尾气测量浓度的补充，对机动车行驶速度和加速度的测量十分必要。同时其与牌照识别系统的结合使用，还可以对违章超速行驶的车辆进行限制。

目前，工业上所采用的测速仪器主要有激光测速仪和雷达测速仪两种。下面简单介绍一下这两种测速仪的工作原理。

1. 激光测速仪

激光测速仪是根据激光测距原理来工作的。在某时刻（$t = 0$），激光器发出一束脉冲激光，同时计时器开始计时，当激光束到达被测物体后，有一部分将被被测物体反射回测速仪的探测器上，当探测器感受到有反射光时，计时器停止计时（$t = t_0$）。经过简单的运算，就可以得出被测物体与测量点之间的距离 s：

$$s = ct_0（c \text{ 为光速}）\tag{4.10}$$

对被测物体进行两次有特定时间间隔的激光测距，就可以测得该被测物体在时间 Δt 内的平均速度 v。假设第一次发射脉冲激光测得测量点与被测物之间距离为 s_1，第二次测得距离为 s_2，两次发射脉冲激光的时间间隔为 Δt，于是得出被测物体的速度 v：

$$v = (s_1 - s_2)/\Delta t \tag{4.11}$$

由于这种仪器是利用从被测物体反射回来的激光作为触发信号的，但接收反射光的探测器探测面积又不可能做得很大，这就需要激光束与反射面之间有较为严格的垂直关系，否则很可能因为入射光束和反射光束之间的夹角太大，探测器无法接收到反射光，而无法达到测量的目的。距离越远，这种垂直关系就要求越严格。

在实际测量过程中，由于机动车总是处于不停的运动状态，要让其"对准"某一个可疑目标，有着很大的难度；而且在测量过程中，还不能出现其他物体的干扰，从而导致激光测速成功率低、难度大，特别是值勤人员的工作强度大，容易疲劳。由于要"对准"被测目标，所以这种测速仪器不能称为真正的电子警察。其在测量过程中，容易被发现，不能达到真正的预期效果，很大程度上阻碍了无人值守系统的发展。这种测速仪价格比较昂贵，经过正规途径进口的仪器至少在 1 万美元左右，这还不包括摄像和控制部分。

2. 雷达测速仪

雷达测速的原理是应用多普勒效应。即移动物体对所接收的电磁波有频移的效应，雷达测速仪是根据接收到的反射波频移量的计算而得出被测物体的运动速度。一个常被使用的例子是火车的汽笛声，当火车接近观察者时，其汽笛声会比平常更刺耳，你可以在火车经过时听出汽笛声的变化。多普勒效应不仅仅适用于声波，还适用于光波等一切电磁波。

假设声源相对于介质移动的速度为 v，观察者相对于介质运动的速度为 u，声源发出的声音频率为 f_0，观察者接收到的频率为 f。它们之间的关系可以表示为

$$f = \frac{c \pm u}{c \mp v} f_0 \tag{4.12}$$

这里需要注意的是公式中正、负号的选取问题：当声源和观察者相向运动时，式（4.12）中分母取正号，分子取负号；当声源和观察者

相背运动时，分母取负号，分子取正号。可以很明显地看出，当二者不发生相对运动时，观察者接收到的频率等于发射频率。

由于雷达测速仪是利用被测目标的反射波计算出物体速度的，所以在计算频移变化时，需要两次用到多普勒公式。下面以测速仪位置固定不变、测量目标远离测速仪为例，推导出测量目标的速度。

假设雷达相对于介质（空气）的速度为 $v=0$，发射出频率为 f_0 的电磁波，到达相对介质（空气）运动速度为 u 的被测物体，其频率变为 f_1，经过被测物体的反射，雷达接收仪接收到的频率为 f_2。则有

$$f_1 = \frac{c-u}{c} \cdot f_0 \qquad (4.13)$$

$$f_2 = \frac{c}{c+u} \cdot f_1 \qquad (4.14)$$

将式（4.13）和式（4.14）联立，即可解得被测物体的运动速度：

$$u = c \cdot \frac{f_0 - f_2}{f_0 + f_2} \qquad (4.15)$$

这里需要说明的是，式（4.13）～式（4.15）只有当雷达测速仪和被测物体在同一条直线上时才能成立。当不在同一条直线上时，则需要用到速度的矢量形式。矢量形式表达比较复杂，在这里就不做详叙。

与激光测速仪相比，雷达测速仪有着以下的特点。

（1）雷达波束较激光光束（射线）的照射面大，因此雷达测速易于捕捉目标，无须精确瞄准，基本上可以实现无人值守的目的。

（2）雷达发射的电磁波波束有一定的张角，故有效测速距离相对于激光测速较近。

（3）雷达测速仪发射波束的张角是一个很重要的技术指标。张角越大，测速准确率越易受影响；反之，则影响较小。

但雷达测速仪本身也有着一些限制其发展的缺点。

（1）测速雷达如果天线放置不当，当地势为非平原状态时，会使目标车的读数被其他车的速度代替。

（2）如果目标旁边有反射能力更强的物体存在，测速雷达只能测到反射能力强的物体。

（3）当有两车并行时，雷达测速仪无法分辨出哪一辆车是超速车辆。

（4）当测量信号经过多次反射后，测速雷达测出的结果会出错。

（5）无线电波会对测速雷达产生干扰，使测量结果失真。

（6）由于雷达测速仪所发射出来的是电磁波，所以极其容易被一些反雷达测速仪侦察到，从而达不到真正的效果。

3. 典型遥测设备速度和加速度的测量原理

由诚志宝龙研发的速度和加速度传感器，不仅能测出机动车的运动速度，还可以测出其加速度，在使用过程中只需一次对准，可以实现无人值守等优点。

下面简单介绍一下二光路速度和加速度的测量原理。图 4.17 所示为速度和加速度传感器的原理框图。两个红外发射管分别发出两束平行的红外光，红外接收管则放在马路的另一边，当发射管和接收管之间有物体通过时，接收管将感受到光强强弱的变化，触发时基电路开始计时或是停止计时，通过计算机软件算出汽车速度、加速度和车长信息，与尾气成分浓度、牌照信息一并存到数据库。

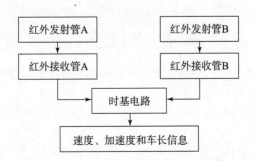

图 4.17　速度和加速度传感器的原理框图

下面通过具体的公式来推导出这些参数的表达式。图4.18 为汽车通过速度和加速度传感器时的示意图。上下两个深色巨型长条分别表示放在道路两边的传感器的发射和接收装置，两束激光分别用光束 A 和光束 B 来表示，两激光束之间的水平距离为 D。行驶方向为水平向右，并且汽车做的运动为匀变速直线运动。当汽车车头挡住光束 A 时，接收管接收到的光强变为零或是变得很弱，此时，接收管的控制部分就会发送一个信号给时基电路，让它开始计时；当车头通过光束 B 时，光束 B 对应的接收管也会发送一信号给时基电路，将前一个时间间隔 T_1 存储并重新开始计时。当车尾通过光束 A 后，接收管接收的光强由弱变强，控制电路又会发送一个信号给时基电路，记录并存储车头到达光束 B 到车尾离开光束 A 这一段时间的间隔 T_2；计时器还将继续重新开始计时，直到车尾离开光束 B 后，此时记录的数据 T_3 为车尾离开光束 A 到离开光束 B 的时间间隔。

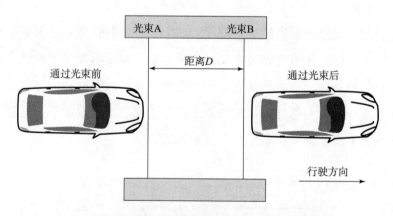

图4.18 汽车通过速度和加速度传感器时的示意图

假设车头到达光束 A 时的速度为 V_1，V_2 为车头到达光束 B 时的速度，车尾离开光束 A 时的速度为 V_3。根据运动学原理，我们可以得出式（4.16）~式（4.20）：

$$D = V_1 T_1 + \frac{1}{2} a T_1^2 \tag{4.16}$$

$$L - D = V_2 T_2 + \frac{1}{2} a T_2^2 \tag{4.17}$$

$$D = V_3 T_3 + \frac{1}{2} a T_3^2 \tag{4.18}$$

$$V_2 = V_1 + a T_1 \tag{4.19}$$

$$V_3 = V_2 + a T_2 \tag{4.20}$$

其中，L 为汽车车长；a 为汽车运动的加速度；V_1、V_2、V_3 为各个时刻的瞬时速度。联立式（4.16）～式（4.20），便可求得所需的车长、速度和加速度信息。

$$L = \left[1 + \frac{T_2}{T_1} + \frac{(T_1 - T_3)(T_1 T_2 + T_2^2)}{T_1 (T_1 T_3 + 2 T_2 T_3 + T_3^2)} \right] \tag{4.21}$$

$$V = \left(\frac{1}{T_1} + \frac{T_3 - T_1}{T_1 T_3 + 2 T_2 T_3 + T_3^2} \right) D \tag{4.22}$$

$$a = \frac{2D(T_1 - T_3)}{T_1 (T_1 T_3 + 2 T_2 T_3 + T_3^2)} \tag{4.23}$$

4.3　机动车尾气遥测设备

4.3.1　典型机动车尾气遥测设备

以诚志宝龙 BDH-1 型水平遥测设备为例，介绍典型机动车尾气遥测仪组成。BDH-1 型机动车尾气遥测仪由以下五个部分组成：近红外可调谐二极管激光吸收光谱测量系统，紫外差分吸收光谱测量系统，机动车牌照自动获取及识别系统，车辆速度及加速度传感器，还有系统控制及数据采集、反演软件系统。其系统框图如图 4.19 所示。

BDH-1 型机动车尾气遥测仪检测原理和工作流程如下。

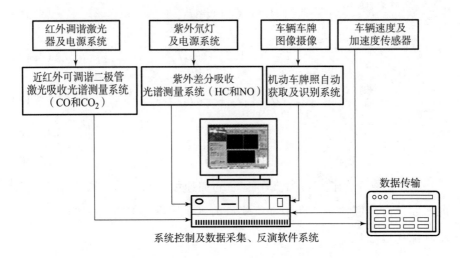

图 4.19　BDH-1 型机动车尾气遥测仪系统框图

（1）近红外可调谐二极管激光吸收光谱测量系统。采用 TDLAS 二次谐波检测技术，对行驶中的机动车辆所排放的尾气中 CO 和 CO_2 进行光谱测量。

（2）紫外差分吸收光谱测量系统。采用 DOAS 技术，对行驶中的机动车辆所排放尾气中的 HC 和 NO 进行光谱测量。

（3）机动车牌照自动获取及识别系统。当机动车辆行驶过监测系统时，该部分将对过往车辆车牌图像进行抓拍，并通过牌照识别软件得到车辆牌照信息。

（4）车辆速度及加速度传感器。利用三点测量时间法来计算过往车辆速度及加速度，并触发上面所述系统的（1）、（2）和（3）部分开始工作。

（5）系统控制及数据采集、反演软件系统。控制系统各部分的协作，通过采集卡获取过往车辆排放尾气成分的光谱信号，再经过浓度反演程序得到浓度信息，并与相对应的车辆速度、加速度信息、车牌照信息等一起存入记录文件。

诚志宝龙四光程遥测设备如图 4.20 所示。四光程设备相对于两光程设备来说，能覆盖大多数排气管的高度，覆盖范围更大。而且在尾气烟羽扩散后，虽然尾气浓度有所稀释，但由于光程的增加，光谱吸收增强了，数据检出率有效提高了。诚志宝龙遥测设备针对无线视频系统也做了改进，将无线视频服务器和路由器都集成在摄像机的防护罩内，便于数据无线传输。

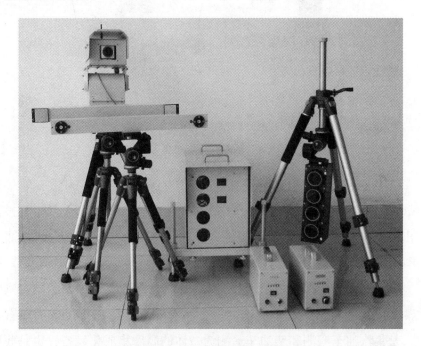

图 4.20　诚志宝龙四光程遥测设备

　　BLH-1Y 型机动车尾气不透光烟度遥测仪是一款检测柴油车排气烟度的快速、在线遥测设备。系统采用透光率测量原理，根据机动车排气管高度不同的情况，采用 10 路光通道垂直地面安装，使得其能够覆盖大多数后排气管的高度。同时，在该设备上首次实现了速度和加速度传感器集成结构设计，如图 4.21 所示。应用时只需将发射和接收部件分别摆放于道路两侧，即可检测行驶机动车排放颗粒物烟雾的烟度不透光、黑度、不透光系数和平均烟度不透光度，同时捕捉车牌、车速等信息，具有超标车录像功能。

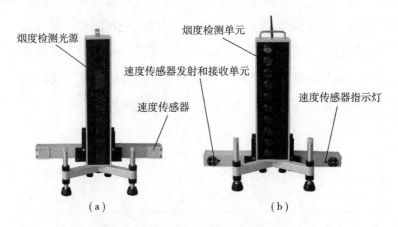

烟度检测光源

速度传感器发射和接收单元

烟度检测单元

速度传感器

速度传感器指示灯

（a）　　　　　　　（b）

图 4.21　机动车尾气不透光烟度遥测仪

（a）光源发射装置；（b）光源接收装置

该设备将柴油车烟度不透光度分为 100 级。透光度 100 表示车辆排放烟度为零；透光度为 0 表示车辆排放烟度很大，所有的光几乎都被散射出去。该设备校准操作也很简单，只需鼠标一点即可进行柴油车"黑尾巴"遥测抓拍。

BDH-1Z 机动车尾气综合遥测仪是诚志宝龙研制的一款能同时测量汽油车废气排放和柴油车黑烟的设备。它继承了前几代设备的所有优点，是集汽油车遥测和柴油车遥测为一体的高度集成化设备，也是我国目前在机动车排气污染遥感检测领域应用最多的设备，如图 4.22 所示。

机动车尾气遥测仪各部分功能如下。

（1）工控机（含显示器）：系统软件控制，协调各部件工作，视频和数据采集，牌照识别，速度、加速度计算，污染气体反演，数据分析和数据存储。

（2）测量主机：控制打开和关闭指向激光器；控制、发送、接收红外和紫外光源，同时显示红外和紫外光源的光强；控制标准气校准，实时在线监测机动车尾气中 CO、CO_2、NO、HC 和烟度；接收视频信号，控制视频系统工作状态。

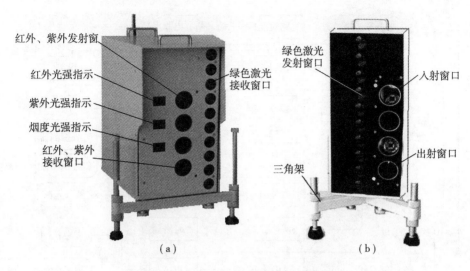

红外、紫外发射窗

红外光强指示

紫外光强指示

烟度光强指示

红外、紫外接收窗口

绿色激光接收窗口

绿色激光发射窗口

入射窗口

出射窗口

三角架

（a）　　　　　　　　　　（b）

图 4.22　BDH-1Z 机动车尾气综合遥测仪

（a）测量主机；（b）角反射器

（3）角反射器：由三维可微调的云台、一个三脚架、一个红外紫外角反射器组合构成，分别反射由测量主机发送的红外和紫外光束。

（4）速度和加速度传感器：由两束激光组成两条光路，获取机动车进入监测区信号，测量机动车通过传感器的时间，经过道边测量主机送给工控机。

（5）摄像机：由摄像机和云台组成，拍摄过往机动车含牌照的图像，当夜晚照度不够的时候，可由红外探照灯或白光探照灯补充照明（红外和白光探照灯按应用需要配置）。

4.3.2　遥测软件概述

机动车尾气遥测仪软件是诚志宝龙机动车尾气遥测仪的配套控制分析软件。系统的软件控制流程如图 4.23 所示。

软件采用面向对象的程序设计方法，集成了可调谐二极管激光吸收

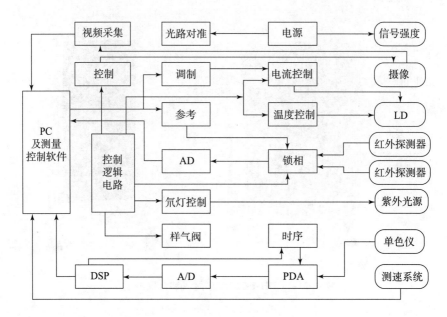

图 4.23 系统的软件控制流程

信号的采集与处理、紫外差分吸收光谱信号的采集和处理、机动车速度与加速度测量、车牌号码的实时拍摄与识别、气象参数测量数据的获取等功能,软件功能齐全、界面友好、操作简便、运行可靠。

BDH-1 机动车尾气遥测仪软件的设计充分考虑了我国各城市对尾气监测的要求,在性能上保证软件可靠正常工作,在操作上力求简洁、方便,在功能上注重完备性及可扩充性。其主要功能如下。

1. 完善的用户管理功能

软件在尾气的监测记录中记录下操作的信息,做到有案可查,同时防止非法用户使用和修改该软件。

2. 丰富的站点管理功能

软件可以预设监测站点的信息,为数据的分析和统计提供依据。

3. 设备校准控制功能

软件控制仪器在进行正常测量前进行校准，存储校准参数，使得监测结果更加可靠。

4. 灵活的参数设置功能

软件灵活的参数设置可以使得仪器在不同的环境中，达到最佳的工作状态。

5. 自动测速功能

系统正常启动工作后，对通过的车辆自动测量速度、加速度等信息。

6. 实时谱线显示功能

软件实时显示可调谐二极管激光吸收谱线和紫外吸收谱线，为用户调整仪器以及分析结果提供依据。

7. 牌照自动抓拍及识别功能

软件在机动车进入测量区域时，自动将通过车辆的牌照抓取下来，识别牌照号码，同时将牌照图片以 JPEG （joint photographic experts group） 的格式存储到数据库中。

8. 摄像机系统自动控制功能

软件可以控制摄像机云台和摄像机镜头、光圈、焦距等关键参数。

9. 污染物浓度反演功能

软件能够自动分析光谱数据，并反演出车辆排出的各污染组分的浓度。

10. 仪器各部件工作状态实时监控功能

软件工作过程中，对仪器的各个分系统进行实时的监视，发现问题自动报警，同时可以通过软件实现对各模块的控制。

11. 数据自动存储功能

软件可以对各种数据实现自动存储，包括车辆速度和牌照数据、监测结果数据以及实时光谱数据等。

4.3.3　设备安装和使用环境条件

遥感仪器的架设地点选择需满足以下条件。

（1）地点位于略有上坡的单行车道或桥梁引道入口，且路段视野良好。

（2）车流量在每小时 200～3 000 辆之间，以不影响交通为准。

（3）车速≥5 km/h。

（4）相随两车通过时，间隔时间不小于 1 s。

（5）车辆以匀加速通过为好，可以产生较强的排放烟羽。

遥感检测原理利用原子或分子吸收光谱法测量烟羽中的 CO_2、CO、NO、HC 污染物浓度；利用光通过烟羽前后的强度变化测量排气烟度不透光度，因此测试时环境条件直接影响测试结果准确性。检测环境应满足天气无雨、雾、雪，无明显扬尘，避免光路受影响；避免风速过大导致烟羽非常规性地扩散，应满足风速≤5.0 m/s；应避免极端的温度和湿度及大气压力给设备正常工作带来影响，温度限制为 -20.0～45.0 ℃，相对湿度应满足≤85%，大气压力为 70.0～106 kPa。

4.4　本章小结

本章介绍了遥感检测设备的光谱法原理及分析方法。首先具体介绍了分子光谱原理、可调谐二极管激光吸收光谱学，包括吸收光谱的定量分析基本原理 Lambert-Beer 定律、直接吸收光谱及波长调制光谱技术；其次介绍了典型遥感检测设备中的红外 TDLAS 系统、紫外 DOAS 系统和不透光烟度遥测仪的组成和原理；再次介绍了机动车速度和加速度的测量方法和测速设备；最后介绍了遥测设备组成及软件功能。

第5章

汽油车排气污染物遥感检测

经过多年的发展，汽油车遥感检测技术应用较为成熟，因此我们首先基于汽油车遥感检测方法，研究分析汽车排放遥感检测方法的测试结果准确性和影响因素。

5.1 汽油车排气污染物遥感检测结果反演计算方法

行驶中的汽车发动机排气经过排气管排出后，会在大气中迅速扩散形成烟羽，如图5.1所示。我们所感兴趣的是汽车排气中各成分浓度，因为它反映了汽车发动机的真实排放状况。但是，遥感检测设备只能测量到机动车驶过后排气扩散形成的烟羽中各成分的浓度。而且，由于周围环境的影响，再加上扩散作用，烟羽在不断地被稀释，其中各成分的绝对浓度也在不断地发生变化。

为了消除烟羽扩散对排气中各成分浓度测量的影响，从而得到排气从排气管口排出时的浓度，可以通过燃烧方程的引入来解决。

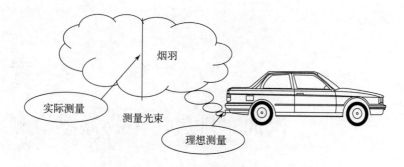

图5.1　机动车尾气烟羽示意图

对于同一排气烟羽来说，排气及烟羽中各成分的相对体积浓度比在其不同位置处基本保持不变。如图5.2所示，图中不同的点为烟羽扩散过程中距离排气管不同位置处的采样数据点，可以看到，以 CO_2 为参比气体时，CO、HC 和 NO 与 CO_2 的相对体积比近似为定值，因此，可以建立汽油车排气污染物遥感检测结果的反演计算模型。

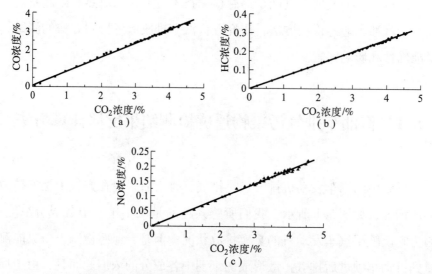

图5.2　尾气中各成分与 CO_2 的相对体积浓度比

(a) CO 与 CO_2 的相对体积浓度比；(b) HC 与 CO_2 的相对体积浓度比；

(c) NO 与 CO_2 的相对体积浓度比

通常情况下，对于进气道喷射汽油机，可以假定汽油机燃烧采用理论混合气或浓混合气，并且假定燃烧过程为不完全燃烧，建立汽油机标准燃烧方程如下：

$$CH_2 + m\left(0.21\,O_2 + 0.79\,N_2\right) \longrightarrow aCO + bH_2O + cC_4H_6 +$$

$$dCO_2 + eNO + \left(0.79m - \frac{e}{2}\right)N_2 \tag{5.1}$$

利用 1，3-丁二烯来表示燃烧后排气中剩余的 HC，出于两方面的原因，一方面认为排气中 HC 对光的吸收相当于 1，3-丁二烯对光的吸收；另一方面出于减少污染的考虑，在实时监测过程中需要在系统监测光路中充入相应的 HC 气体来对系统进行校准，然后将该气体从系统中清除而排放到空气中，选择 1，3-丁二烯可以相对减少排到空气中的 HC。定义排气及烟羽中各成分相对体积浓度比为

$$Q_{CO} = CO/CO_2 = a/d \tag{5.2}$$

$$Q_{HC} = HC/CO_2 = c/d \tag{5.3}$$

$$Q_{NO} = NO/CO_2 = e/d \tag{5.4}$$

根据物质守恒定律，由碳原子、氢原子和氧原子的守恒可以得到

$$a + 4c + d = 1 \tag{5.5}$$

$$2b + 6c = 2 \tag{5.6}$$

$$a + b + 2d + e = 0.42\,m \tag{5.7}$$

由式（5.2）和式（5.3）得到 $a = dQ_{CO}$ 和 $c = dQ_{HC}$，代入式（5.5），得到

$$dQ_{CO} + 4dQ_{HC} + d = 1 \tag{5.8}$$

即

$$d = \frac{1}{Q_{CO} + 4Q_{HC} + 1} \tag{5.9}$$

将 $c = dQ_{HC}$ 代入式（5.6），得到

$$2b + 6dQ_{HC} = 2 \tag{5.10}$$

即

$$b = 1 - 3dQ_{HC} \tag{5.11}$$

将 $a = dQ_{CO}$ 和式（5.11）均代入式（5.7），得到

$$dQ_{CO} + 1 - 3dQ_{HC} + 2d + e = 0.42m \tag{5.12}$$

将式（5.12）两边同除以 d，得到

$$Q_{CO} + 1/d - 3Q_{HC} + 2 + e/d = 0.42m/d \tag{5.13}$$

将式（5.4）和式（5.9）代入式（5.13），可得到

$$0.42 \frac{m}{d} = 2Q_{CO} + Q_{HC} + 3 + Q_{NO} \tag{5.14}$$

根据燃烧方程（5.1）可以知道，燃烧后排放的尾气中 CO_2 的浓度（不考虑生成物中水的含量）为

$$C_{CO_2} = \frac{d}{a + c + d + e + 0.79m - \dfrac{e}{2}} \tag{5.15}$$

将式（5.15）的分子和分母同除以 d，可以得到

$$C_{CO_2} = \frac{1}{\dfrac{a}{d} + \dfrac{c}{d} + 1 + 0.5 \dfrac{e}{d} + 0.79 \dfrac{m}{d}}$$

$$= \frac{1}{Q_{CO} + Q_{HC} + 1 + 0.5Q_{NO} + 0.79 \dfrac{m}{d}} \tag{5.16}$$

将式（5.16）分子和分母同乘以 0.42，并将式（5.14）的计算结果代入，得到

$$C_{CO_2} = \frac{0.42}{2.79 + 2Q_{CO} + 1.21Q_{HC} + Q_{NO}} \tag{5.17}$$

最后可以得到 CO_2 体积百分比浓度为

$$E_{CO_2} = \frac{42}{2.79 + 2Q_{CO} + 1.21Q_{HC} + Q_{NO}} \tag{5.18}$$

相应地，可以得到 CO、HC 和 NO 的体积百分比浓度：

$$E_{CO} = E_{CO_2} \cdot Q_{CO} \tag{5.19}$$

$$E_{HC} = E_{CO_2} \cdot Q_{HC} \tag{5.20}$$

$$E_{NO} = E_{CO_2} \cdot Q_{NO} \tag{5.21}$$

因此，我们可以通过建立发动机燃烧方程模型，根据测量得到的烟羽中各组分的相对体积比来反演得到汽车排气中气体排放物的真实体积浓度值。

5.2　汽油车排气污染物遥感检测方法可行性研究

5.2.1　静态标准气体比对试验

静态标准气体遥感测试比对试验采用的是诚志宝龙的 BDH-1 型遥感测试设备，在测量光路中释放不同浓度的标准气体，记录遥感检测结果，与标准气体浓度进行对比。

汽车遥感检测设备布置如图 5.3 所示，光源发射器发射出与车辆行驶方向垂直的光线，经反射器反射后由接收器接收。当有车辆经过时，经挡光触发，激光测速装置测量车辆的速度和加速度，分析仪检测烟羽中的气态排放物浓度，经过反演计算得到遥感测试值。

图 5.3　汽车遥感检测设备布置

在机动车测试中，由于排气管位置高低不同，在遥测设备中采用多光程配置。从图 5.4 中可以看出，采取四光程的配置以保证各类车型尾气烟羽的成功捕捉。

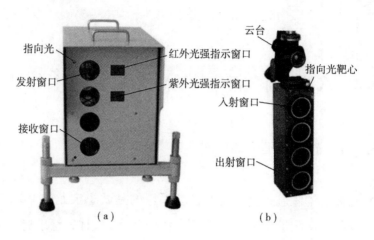

图 5.4 四光程遥测仪主机和角反射器

（a）主机；（b）角反射器

试验中所用标准气体的浓度见表 5.1。

表 5.1 试验中所用标准气体的浓度

序号	CO 浓度/%	CO_2 浓度/%	HC 浓度/10^{-6}	序号	NO 浓度/10^{-6}	CO_2 浓度/%
1	0.48	14.0	30.0	6	248	15.01
2	1.00	14.2	65.2	7	1 530	15.06
3	2.52	13.2	101.0	8	2 510	15.07
4	4.08	12.0	130.0	9	3 970	15.02
5	5.04	11.6	151.0	10	4 790	15.03

对试验数据进行整理分析后，所得试验结果如图 5.5 所示。

表 5.2 为静态标准气体比对的试验结果，从图 5.5 及表 5.2 的结果可以看到 CO 静态标准气体的测量精度较高，测量值结果基本在标准值附近浮动或者重合。均值相对误差最小为 0，最大也仅为 2.1%，标准差均小于 0.1，可知数据的离散度较小。HC 在 30×10^{-6} 浓度时的均值

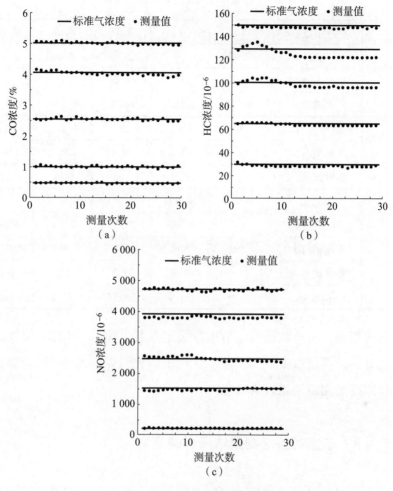

图 5.5　标准气体遥测结果

（a）CO；（b）HC；（c）NO

相对误差较大，达到 5%，但标准差只有 0.937，说明数据的离散度较小，而在 130×10^{-6} 浓度时均值相对误差达到 3%，标准差也达到 4.294，说明该浓度测量时的精度和准度都相对较低。但从总体来看，HC 的检测结果还是达到了较高的要求。NO 测量结果的均值相对误差均小于 2%，但数据的标准差相比较于 CO 和 HC 来说普遍偏大，这是因为 NO 标准浓度的基数值要远大于 CO 和 HC。

表 5.2　静态标准气体比对的试验结果

CO	标准浓度/%	0.48	1	2.52	4.08	5.04
	平均值/%	0.47	1	2.56	4.04	5.04
	相对误差/%	2.1	0	1.6	1	0
	标准差	0.014	0.028	0.04	0.061	0.042
HC	标准浓度/10^{-6}	30	65.2	101	130	151
	平均值/10^{-6}	28.5	64.6	99.4	126.1	149.1
	相对误差/%	5	0.9	1.6	3	1.3
	标准差	0.937	0.85	2.944	4.294	0.74
NO	标准浓度/10^{-6}	248	1 530	2 510	3 970	4 790
	平均值/10^{-6}	250	1 500.3	2 505.3	3 894.5	4 762.7
	相对误差/%	0.8	1.9	0.2	1.9	0.6
	标准差	5.35	35.4	68.77	25.5	37.57

　　总的来说，所有数据的均值相对误差不大于 5%，且有 7 组数据的均值相对误差不超过 1%，CO 和 NO 均值的相对误差小于 HC。静态标准气体浓度的测量结果较为理想。

5.2.2　车速对遥感测量结果影响

　　由于遥感测量的高排放工况很可能只是某种特殊情况下的瞬时高排放，因而不能马上判定该机动车为高排污车辆。为了解决这种误判，业内广泛采用 VSP 来对遥测数据进行筛选鉴别。美国国家环保局推荐的 VSP 范围为 $0 \sim 20 \ kW \cdot t^{-1}$，以 $10 \sim 20 \ kW \cdot t^{-1}$ 为最佳。国内的研究给出的推荐值为 $0 \sim 15 \ kW \cdot t^{-1}$。然而 VSP 是一项与速度、加速度和坡度有关的量，实际遥感测量时都会要求在平直或者略上坡路段匀速或小加速通过遥感监测设备，那么在实际操作过程中对 VSP 影响最为直观的，且容易通过实验进行验证的便是车速。

将车辆正常排放的尾气由橡胶管导向车顶排放，可避免车辆自身排放对遥感监测设备造成的影响。配有标准气的气瓶放在后备箱内，通过一个"伪排气管"排放标准气体，实验所用的设备为 ESP 公司的 RSD4600 遥感监测设备。

需要说明的是受实验场地的限制，最高车速仅达到 40 km·h^{-1}。遥感测试结果与车速的关系如图 5.6 所示。

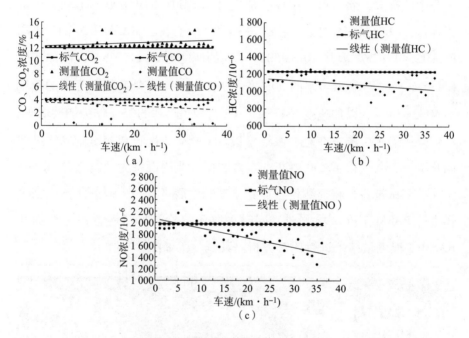

图 5.6　遥感测试结果与车速的关系

(a) CO 和 CO$_2$ 遥测结果；(b) HC 遥测结果；(c) NO 遥测结果

由于遥测法是在一个开放的光路中进行的测量，因此，检测结果受外界环境的干扰和影响较大，从图 5.6 中可以明显地看出实验结果会出现一系列的奇点。如果将这些奇点对实验结果的影响排除，可以看出 CO 和 CO$_2$ 随速度变化的曲线与标准气体浓度较为贴合。HC 测量的结果与标准值有一定的差异（测量均值小于 10%），但整体趋势随着车速的变化相对稳定。NO 的测量结果则有着轻微的随着车速增加逐渐下降的趋势。分析认为应当是由于随着车速增加，遥测仪器对尾气烟羽捕捉精度下降。

5.2.3 遥测法与简易工况法同步比对试验

由于双怠速法不能测量发动机中的 NO_x，且不能反映车辆实际运行工况中的排放，北京市采用稳态加载（BASM）工况法来对车辆进行排放测试，BASM 工况法主要包括两个工况：BASM5024 工况和 BASM2540 工况。其中 BASM5024 工况的速度为 24 km·h^{-1}，以加速度 1.475 m·s^{-2}时输出功率的 50%作为加载功率；BASM2540 工况的速度为 40 km·h^{-1}，以加速度 1.475 m·s^{-2}时输出功率的 25%作为加载功率。

采用遥感检测法在轻型汽油车进行 BASM 工况排放测试的同时进行同步测试，共获得了 250 辆车的有效数据，所用设备为诚志宝龙 BDH-1型遥感测试设备。将遥测设备放置于车辆之后半米至 1 m 的距离，当车辆进行 BASM 工况法检测时，同时采取遥感检测，对遥感检测数据和 BASM 工况测量结果进行比对分析。其试验图如图 5.7 所示。

图 5.7　遥测法与 BASM 工况同步测试试验图

由于遥测设备正常工作状态为挡光触发，该条件下无法挡光，采用内置的静态测试程序，设置系统每隔 1 s 自动触发一次并记录数据。同时将车辆进入 BASM 工况采集数据的时间点进行记录以保证两套系统的同步性。其结果相关性如图 5.8 所示。

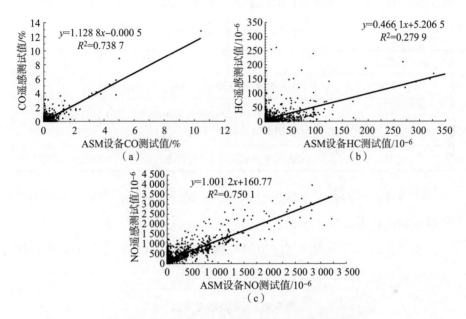

图 5.8　ASM 工况排放测量结果与遥测结果相关性

（a）CO 测量结果；（b）HC 测量结果；（c）NO 测量结果

从图 5.8 可以看出，HC 的两种试验结果相关性并不强，HC 的 R^2 值仅为 0.279 9。CO 和 NO 的遥测值和简易工况法测量结果显示了较为良好的相关性，其中 CO 的线性方程为 $y = 1.128\ 8x - 0.000\ 5$，R^2 值达到了 0.738 7，NO 的线性方程为 $y = 1.001\ 2x + 160.77$，R^2 值达到 0.750 1。

5.2.4　遥测结果与 I 型排放试验结果及简易工况测试结果对比试验

为了验证遥感检测标准具备直接执法超标处罚的可行性，检验其检测结果是否对排放状况良好的车辆（简易工况和Ⅰ型排放试验工况达标）存在误判现象，针对目前在北京机动车排放检测中采用的各种方法（包括遥测法、Ⅰ型排放试验、简易工况法）进行比对试验。通过征集和租赁的方式，募集国1、国2、国3、国4和国5排放标准的在用轻型车共计30辆。试验所用仪器型号见表5.3。

表5.3 试验所用仪器型号

设备分类	设备型号
市直检测场设备	MD-ASM 97-HD 野马测功机；Nanhua 分析仪
Ⅰ型试验设备	PECD 9400 小野测功机；HORIBA 7200H 分析仪；HORIBA CVS-7400 系统
遥测设备	诚志宝龙 BDH-1 型遥测设备；RSD-4600 型 ESP 遥测设备

Ⅰ型排放试验是对车辆进行 NEDC 工况排放测试，简易工况法测试是对车辆进行 BASM 工况排放测试。

参考北京市及国内典型城市的汽油车遥测标准限值，假定遥测法按表5.4所确定的标准限值进行排放水平评估。

表5.4 遥测法参考限值

排放标准	CO 限值/%	HC 限值/10^{-6}	NO 限值/10^{-6}
黄标/改造车	4.50	300	3 000
国1/国2	2.50	250	2 500
国3	2.50	250	2 000
国4/国5	2.50	250	1 500

将试验结果分三种情况进行讨论，分别是：①简易工况法和Ⅰ型试验都合格；②简易工况法和Ⅰ型试验结果相异；③简易工况法和Ⅰ型试验均不合格。对比分析遥测法的不合格车辆检出率情况。其结果见表5.5～表5.7。

表 5.5　简易工况法和 I 型试验都合格

序号	车型	排放标准	I 型试验	简易工况法	遥测法 不合格次数/检测次数
1	桑塔纳 2000	国 1	合格	合格	3/15（20%）
2	索纳塔	国 2	合格	合格	0/11（0%）
3	索纳塔	国 2	合格	合格	1/5（20%）
4	索纳塔	国 2	合格	合格	1/14（7.1%）
5	奇瑞 A1	国 4	合格	合格	0/11（0%）
6	高尔夫	国 4	合格	合格	1/9（11.1%）
7	宝来	国 4	合格	合格	0/14（0%）
8	伊兰特	国 5	合格	合格	2/22（9.1%）
9	伊兰特	国 5	合格	合格	1/42（2.4%）
10	伊兰特	国 5	合格	合格	1/28（3.6%）
11	伊兰特	国 5	合格	合格	1/28（3.6%）

表 5.6　简易工况法和 I 型试验结果相异

序号	车型	排放标准	I 型试验	简易工况法	遥测法 不合格次数/检测次数
1	桑塔纳 2000	国 1	不合格	合格	4/24（16.7%）
2	索纳塔	国 2	不合格	合格	0/10（0%）
3	富康	国 2	不合格	合格	0/32（0%）
4	赛欧	国 2	不合格	合格	4/27（14.8%）
5	索纳塔	国 2	不合格	合格	9/27（33.3%）
6	爱丽舍	国 3	不合格	合格	8/24（33.3%）
7	爱丽舍	国 3	不合格	合格	2/22（9.1%）
8	爱丽舍	国 3	不合格	合格	3/28（10.7%）
9	爱丽舍	国 3	不合格	合格	0/29（0%）
10	爱丽舍	国 3	不合格	合格	1/33（3%）
11	志俊	国 4	不合格	合格	4/15（26.7%）

表 5.7　简易工况法和 Ⅰ 型试验均不合格

序号	车型	排放标准	Ⅰ 型试验	简易工况法	遥测法 不合格次数/检测次数
1	富康	国 Ⅰ	不合格	不合格	11/22（50%）
2	桑塔纳 2000	国 Ⅰ	不合格	不合格	1/9（11.1%）
3	爱丽舍	国 Ⅲ	不合格	不合格	5/22（22.7%）
4	爱丽舍	国 Ⅲ	不合格	不合格	4/20（20%）

　　从表 5.5 可以看出，当 Ⅰ 型试验和简易工况法均合格时，从检测出的不合格次数本身可以看出，遥测法绝大部分检测都是合格的（在容忍一两次误判的前提下），并且遥测法不合格检出率均在 20% 以下。在该组中，共进行了 199 次检测，不合格次数 11 次，平均检出率为 5.5%。

　　从表 5.6 可以看出，当 Ⅰ 型试验和简易工况法结果相异时，仅出现 Ⅰ 型试验不合格而简易工况法合格的情况，没有出现 Ⅰ 型试验合格而简易工况法不合格的情况，也从一个侧面说明了 Ⅰ 型试验通过条件要比简易工况法来得更加严格。从遥测结果来看，不合格检出次数有所上升，在该组共计 271 次检测中，不合格次数达到 35 次，平均检出率为 12.9%。

　　从表 5.7 可以看出，当 Ⅰ 型试验和简易工况法结果都不合格时，1 号车有 50% 的不合格检出率，其他车辆的结果在 23% 以下，在该组共计 73 次检测的结果中有 21 次不合格，平均检出率达到 28.8%。

　　通过以上三组数据的比较，可以看出就单次检测结果来说，基于瞬态测量的遥测法对车辆合格率的判别与简易工况法和 Ⅰ 型试验方法并不存在明显的相关性。分析认为根本原因在于三者检测时的工况本身存在较大的差别，Ⅰ 型试验检测的是 NEDC 工况的均值浓度，简易工况法为 BASM5024 工况的稳态浓度，遥测法为某一测试工况的瞬态浓度，车辆瞬态浓度随工况变化较大，加之遥测法受外界条件影响，时常也会出现异常值，所以会出现上述结果。但是从三组数据的遥测法平均不合格检出率来看，随着车辆排放恶化程度加剧，遥测法不合格检出率还是呈逐渐上升的趋势。

在遥测过程中，也发现这样一个现象，同一辆车的不同遥测结果会发生较大的差异（如其中一辆车的遥测结果中，11 次测量中有 7 次都显示 NO 浓度为 0，但有 2 次分别显示 $3\,985 \times 10^{-6}$ 和 $6\,565 \times 10^{-6}$），说明真正的遥感检测中受各种因素干扰影响还是较大，单次检测结果的可信度不高，因此，在车辆排放遥感监测中，应通过多次测量来判定合格与否。

由之前的分析可知，单次测量结果的离散性很大，那么能否通过遥测法的统计平均值来鉴别车辆的排放水平呢？通过对多次遥测结果的观察可以看到，遥测结果的平均值与简易工况法趋势相同，如图 5.9 所示。

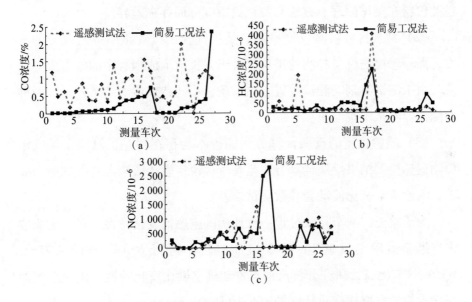

图 5.9 汽油车简易工况测试结果与遥测结果均值比较

（a）CO 浓度简易工况法与遥测法均值比较；（b）HC 浓度简易工况法与遥测法均值比较；

（c）NO 浓度简易工况法与遥测法均值比较

从图 5.9 可以看出，简易工况法得出的 CO 浓度较低，并且好多车的结果为 0.1%，这和检测场仪器设备的精度有关，当检测结果小于

0.1%，就给出 0.1%的结果。遥测法 CO 浓度浮动较大，与简易工况法相比并不呈现特别明显的规律。HC 浓度和 NO 浓度除去个别异常值外，简易工况法和遥测法测试结果趋势相同。可以看出遥测的均值还是能从一定程度上反映车辆的排放状态（以简易工况法作为参考）。

5.2.5　遥感测试结果存在误差的原因分析

遥感测试结果与简易工况法等常规检验方法测试结果相比，存在差异的原因主要有以下几个。

（1）遥感检测设备和常规排放检测仪器本身存在测量误差，两种检测仪器在测试原理、方法和测试灵敏度方面存在差异。

（2）常规排放检测仪器检测的是排气管出口管路中排气成分的浓度，而遥感检测设备检测的是排气排出并扩散形成烟羽中的气态成分浓度，由于测试时刻、测试位置、测试条件不同造成检测结果差异，两种检测仪器测试很难同步。

（3）遥感检测的反演计算方法原理本身存在误差，汽油车排气污染物遥感检测结果反演计算方法是基于理论空燃比或浓混合气的前提假设，汽油机空燃比波动会导致测试误差。

为了验证汽油车行驶过程中汽油机的空燃比变化特性，对一辆 4 缸进气道多点喷射（MPI）国 5 汽油机轿车进行 NEDC、FTP - 75 及 WLTC 排放测试，研究分析汽油车发动机空燃比变化特性，该轻型汽油车发动机的空燃比变化特性如图 5.10 所示。

测试结果是基于轻型车 CVS 测试系统的稀释排气中气态排气成分浓度采样计算的结果，由于排气被空气稀释，实际上已经在很大程度上平滑了汽油车排气各成分浓度和空燃比的波动程度，即削弱了排气成分和空燃比的幅值波动。但从图 5.10 中仍然可以看出轻型汽油车发动机的空燃比波动还是非常显著的，尽管总体趋势是在 14.7 附近，但图示

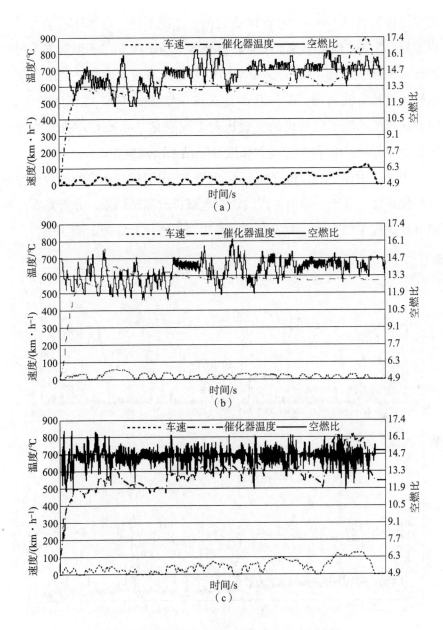

图 5.10　轻型汽油车发动机的空燃比变化特性

（a）NEDC 工况下汽油机空燃比变化特性；（b）FTP - 75 工况下汽油机空燃比变化特性；

（c）WLTC 工况下汽油机空燃比变化特性

的空燃比波动范围在11.9至16.5之间。工况不同，空燃比波动特性也有差异。NEDC恒定车速工况空燃比基本上稳定在14.7，但瞬态工况空燃比波动较大；而FTP-75和WLTC工况转速波动剧烈，因而汽油机空燃比也相对波动很大。但总体是在理论空燃比14.7或偏浓的状态。因此，轻型汽油车发动机的空燃比随工况变化，导致CO_2排放浓度变化，会使CO、HC和NO_x排放浓度计算结果出现偏差。

为了更为详尽地分析汽油车不同行驶工况下排气污染物排放和空燃比变化特性，基于一辆国4汽油轿车车载排放测试结果，分析其实际道路行驶过程中气态排放物浓度和空燃比变化特性，如图5.11所示。

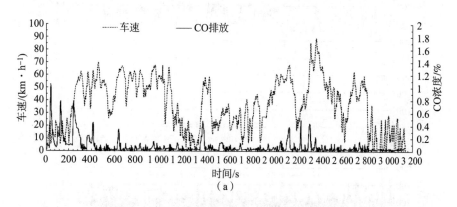

(a)

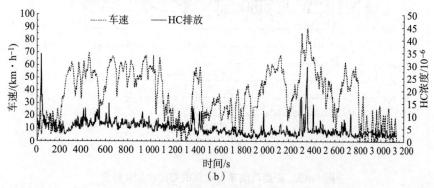

(b)

图5.11　某国4轻型汽油车车载排放试验测试结果

(a) CO排放；(b) HC排放

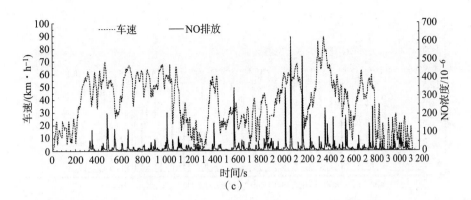

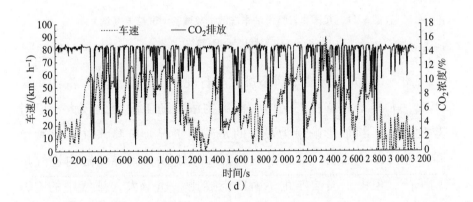

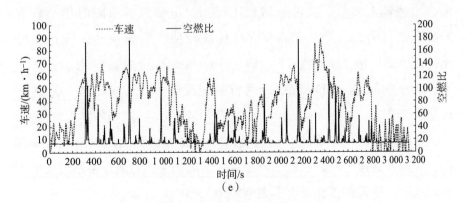

图 5.11　某国 4 轻型汽油车车载排放试验测试结果（续）

（c）NO 排放；（d）CO_2 排放；（e）空燃比变化特性

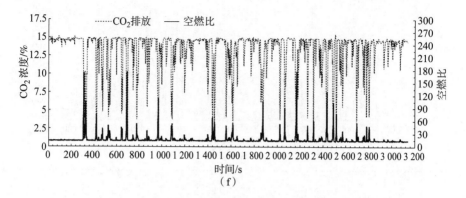

图 5.11 某国 4 轻型汽油车车载排放试验测试结果（续）

(f) 空燃比与 CO_2 排放

由图 5.11 可见汽油车瞬态排放与行驶工况密切相关。汽油车瞬态工况，尤其是加减速工况排气污染物浓度随工况变化较大，而对空燃比和 CO_2 排放影响最为显著的是减速工况，电喷汽油机急减速工况下采用断油控制，尽管节气门开度减小或关闭导致缸内进气量急剧下降，但由于喷油停止，因而空燃比急速增大，排气中的 CO_2 排放浓度急剧降低，如果在此类工况下进行遥感测试，排放遥测结果会出现较大偏差。在常温启动工况下，电喷汽油机瞬时供给较浓的混合气，因此会产生较高的 CO 排放峰值，但很快转入理论空燃比控制方式。在加速工况下，CO、HC 和 NO_x 排放瞬时增加，产生不同大小的峰值。而在较稳定的行驶工况下，CO、HC 和 NO_x 的排放显著降低。

从以上分析可以看出，为避免汽车排放遥感测试结果出现较大偏差，应避开减速工况，因此，汽车排气污染物遥感检测设备不得安装于下坡路段，尽量布置在略有上坡的路段。

5.3　采用遥感检测方法评估汽油车排放水平

5.3.1　轻型车实际道路行驶工况 VSP 分布特征

在机动车行驶过程中，由于受到道路环境和交通流的影响，行驶状态不断变化，从而引起车辆功率需求变化，进而导致发动机油耗和排放的变化。机动车比功率是反映汽车行驶工况的重要参数，包含了速度、加速度、整车质量、坡度及附件使用状况等对机动车排放有显著影响的因素，较为准确地描述了车辆驱动功率需求随着车辆行驶状态的变化。

车辆的比功率即单位质量机动车的瞬间功率，数学表达式为

$$\mathrm{VSP} = \left[\frac{C_D A_f}{m} \frac{\rho_a}{2} \left(v \pm v_w \right)^2 + g C_R \cos\varphi + a \left(1 + \varepsilon_i \right) + g\sin\varphi \right] v$$

$$(5.22)$$

式中，VSP 为机动车比功率，$\mathrm{kW \cdot t^{-1}}$；C_D 为阻力系数，为无量纲系数；A_f 为车辆迎风面积，$\mathrm{m^2}$；ρ_a 为空气密度，为 1.29 $\mathrm{kg/m^3}$；v 为车速，$\mathrm{m \cdot s^{-1}}$；v_w 为风速，$\mathrm{m \cdot s^{-1}}$，与车辆行进方向相反为正，否则为负；g 为重力加速度，为 9.8 $\mathrm{m \cdot s^{-2}}$；C_R 为轮胎的滚动阻力系数，为无量纲系数；a 为车辆加速度，$\mathrm{m \cdot s^{-2}}$；ε_i 为动力总成旋转部件的质量转换系数；φ 为道路坡度；m 为车辆质量，t。

对以上一些常量的近似简化处理可以得到轻型车 VSP 简化公式：

$$\mathrm{VSP} = 2.728\,4 v\sin\varphi + 0.305\,924 va +$$
$$0.059\,21 v + 6.529\,81 \times 10^{-6} v^3 \qquad (5.23)$$

选取北京市部分轻型车遥测数据，统计计算轻型车实际道路行驶 VSP 概率分布，选取 VSP 在 [−25，25] 的区间，同样等分为 50 个相

同步长的 Bin 区间，整理结果如表 5.8 及图 5.12 所示。

表 5.8　北京市轻型车实际道路行驶 VSP 概率分布

VSP	数量	百分比/%	VSP	数量	百分比/%	VSP	数量	百分比/%
−25	10	0.05	−8	179	0.93	9	611	3.16
−24	7	0.04	−7	198	1.02	10	453	2.34
−23	19	0.10	−6	255	1.31	11	387	2.01
−22	17	0.09	−5	279	1.44	12	273	1.41
−21	27	0.14	−4	416	2.15	13	217	1.12
−20	25	0.13	−3	595	3.08	14	188	0.98
−19	22	0.11	−2	777	4.03	15	137	0.71
−18	24	0.12	−1	1 007	5.22	16	108	0.56
−17	25	0.13	0	1 611	8.36	17	93	0.48
−16	30	0.16	1	1 634	8.50	18	72	0.37
−15	26	0.14	2	1 666	8.64	19	56	0.29
−14	45	0.23	3	1 601	8.30	20	51	0.26
−13	46	0.24	4	1 524	7.90	21	28	0.15
−12	51	0.26	5	1 326	6.88	22	34	0.18
−11	78	0.41	6	1 168	6.06	23	25	0.13
−10	93	0.48	7	921	4.77	24	16	0.08
−9	108	0.56	8	730	3.78	25	8	0.04

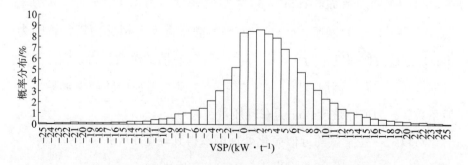

图 5.12　北京市轻型车实际道路遥感检测 VSP 值概率分布

　　图 5.12 为北京市轻型车实际道路遥感检测 VSP 值概率分布柱状图。从图 5.12 中可以看出，绝大多数的车辆的 VSP 范围集中在 [−7，

12]，在这个区间的车辆行驶工况出现概率占到了总数的 90%。而在 [−25，−8] 和 [13，25] 的 VSP 工况区间的车辆行驶工况出现概率占很小的比例。

5.3.2　基于 VSP 的轻型汽油车排气污染物排放特性分析

北京市轻型汽油车排气污染物遥测结果统计分析如图 5.13 所示。

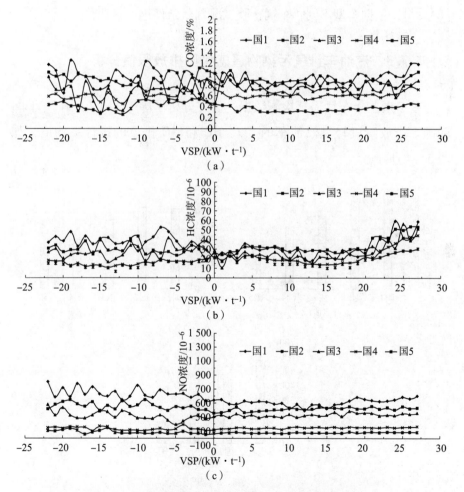

图 5.13　北京市轻型汽油车排气污染物遥测结果统计分析

(a) CO 排放；(b) HC 排放；(c) NO 排放

分析北京市国 1、国 2、国 3、国 4 和国 5 汽油车 CO、HC 和 NO 排放浓度遥测平均值与 VSP 关系，统计上述各类车辆排放遥测结果稳定区间，可以看出，随着车辆的排放水平提升，总排放稳定区间也逐渐增加，这和车辆的排放控制技术水平的不断提升有着密切的关系。按照目前的排放遥感测试标准，只有在规定的 VSP 有效判定区间内测得的污染物排放结果才能用于车辆排放水平判定。对于所测的轻型汽油车辆，若对所有的排气污染物都采用统一的 VSP 判定区间，VSP 有效判定区间可选为 [0，17]，依据车型不同，车辆行驶工况判断条件进一步调整。

5.3.3　汽油车排气污染物遥感检测排放限值分析

基于近些年车辆遥感检测数据，研究分析了国 1、国 2、国 3、国 4 和国 5 排放阶段轻型汽油车的 CO、HC 和 NO 排放的统计平均值，如图 5.14 所示。

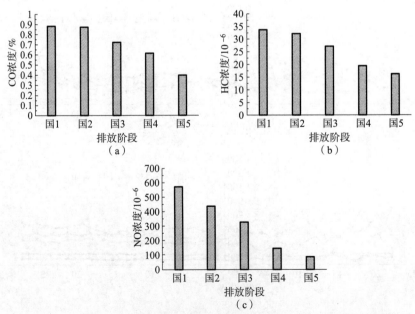

图 5.14　不同排放阶段轻型汽油车的 CO、HC 和 NO 排放的统计平均值

（a）CO 排放；（a）HC 排放；（c）NO 排放

从图 5.14 可见，不同排放阶段轻型汽油车 CO、HC 和 NO 排放遥感测试结果统计平均值随着车辆排放控制水平的提高而逐渐降低。

随着黄标车和老旧车的加速淘汰，目前国 1、国 2 阶段轻型汽油车已大多淘汰。本节主要讨论国 3、国 4 及国 5 排放阶段车辆遥感检测排放浓度限值确定方法。

汽油车排气污染物遥感检测排放限值可根据遥感检测实际测试结果的累积概率分布曲线确定。国际上通常以累积概率为 90% 对应的排放浓度作为筛选高排放车的依据。研究表明，10% 的高排放车对整个车队排放的贡献率非常高，如洛杉矶 10% 的高排放车对车队 CO、HC、NO 排放的贡献率分别达到 73%、78%、51%，北京市 10% 的高排放车对车队 CO、HC、NO 排放的贡献率分别达到 46%、45%、63%。基于不同的排气污染物，筛选比例有所不同，但目标是管控住 10% 的高排放车以降低机动车排放。

1. CO 排放遥测限值分析

国 3、国 4 和国 5 汽油车 CO 排放遥测结果累积概率分布如图 5.15 所示。对于 CO 排放，控制 10% 高排放车辆，国 3 汽油车遥感检测限值为 2.55%，国 4 和国 5 汽油车遥感检测限值为 2.30%。

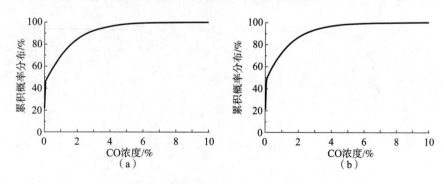

图 5.15　国 3、国 4 和国 5 汽油车 CO 排放遥测结果累积概率分布

（a）国 3 轻型汽油车 CO 排放遥测结果累积概率分布；

（b）国 4 和国 5 轻型汽油车 CO 排放遥测结果累积概率分布

2. HC 排放遥测限值分析

国 3、国 4 和国 5 汽油车 HC 排放遥测结果累积概率分布如图 5.16 所示。对于 HC 排放,控制 10% 高排放车辆,国 3 汽油车遥感检测限值为 191×10^{-6},国 4 和国 5 汽油车遥感检测限值为 181×10^{-6}。

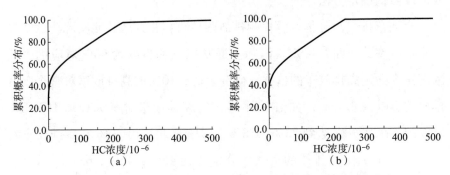

图 5.16 国 3、国 4 和国 5 汽油车 HC 排放遥测结果累积概率分布

(a) 国 3 轻型汽油车 HC 排放遥测结果累积概率分布;

(b) 国 4 和国 5 轻型汽油车 HC 排放遥测结果累积概率分布

3. NO 排放遥测限值分析

国 3、国 4 和国 5 汽油车 NO 排放遥测结果累积概率分布如图 5.17 所示。对于 NO 排放,控制 10% 高排放车辆,国 3 汽油车遥感检测限值为 538×10^{-6},国 4 和国 5 汽油车遥感检测限值为 288×10^{-6}。

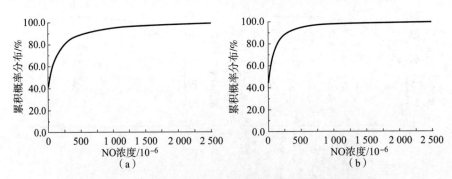

图 5.17 国 3、国 4 和国 5 汽油车 NO 排放遥测结果累积概率分布

(a) 国 3 轻型汽油车 NO 排放遥测结果累积概率分布;

(b) 国 4 和国 5 轻型汽油车 NO 排放遥测结果累积概率分布

5.4　本章小结

本章研究分析了汽油车排气污染物遥感检测结果反演计算方法，对汽油车排气污染物遥感检测方法可行性进行了试验研究，通过试验研究分析了静态标准气体比对试验、车速对遥感测量结果影响、遥测法与简易工况法同步比对试验及遥测结果与 I 型排放试验结果及简易工况测试结果对比试验等，分析了汽油车遥感检测的实用性；采用遥感检测方法评估了汽油车排放水平，基于 VSP 分布对汽油车尾气排放进行了统计分析，并对汽油车排气污染物遥感检测排放限值确定方法进行了分析。

第6章

柴油车气态排气污染物遥感检测

目前，柴油车是汽车 NO_x 和 PM 排放的主要贡献者，分别达到了排放总量的 80% 和 90%。为了及时、快速筛查高排放柴油车辆，一些地区陆续推广使用机动车排放遥感测试系统监测柴油车排气污染，并出台了地方性标准。环境保护部于 2017 年 7 月 27 日颁布实施了第一个全国层面的汽车排气污染物遥感检测标准《在用柴油车排气污染物测量方法及技术要求（遥感检测法)》(HJ 845—2017)，该标准规定利用遥感检测方法对在用柴油车进行 NO 排放检测，排放限值为 $1\,500 \times 10^{-6}$，用于筛查高排放柴油车。

目前，遥感测试技术在汽油车排气污染监测方面的应用已得到认可，但在柴油车 NO 等气态排放物测试方面还不成熟，测试结果存在较大偏差。相关研究表明遥感检测在柴油车高排放车辆筛查方面存在很高的误判率，这意味着在柴油车 NO 等气态排气污染物遥感检测方面还需要深入研究，以解决柴油车气态排气污染物绝对浓度检测方面的难题。

6.1　柴油车气态排气污染物遥感检测方法分析

目前，国内典型的汽柴一体的汽车排气污染物遥感测试设备一般都是基于汽油机理论空燃比或浓混合气燃烧机理而建立的遥感测试结果反演计算方法，应用于柴油车气态排气污染物遥感测试时，测得的柴油车CO、HC、NO 及 CO_2 排放浓度与车载法测得的 CO、HC、NO 及 CO_2 排放浓度有较大差别，分析其主要原因在于柴油车发动机燃烧过程过量空气系数一般远大于 1，而不是在理论空燃比附近，因而导致测试原理误差。

为了揭示柴油机实际运转循环工况的空燃比变化特性，以一款轻型车用柴油机为例，分析柴油机的燃烧及排放特性。该柴油机为 4 缸直列增压中冷直喷式柴油机，排量为 2.8 L，额定功率为 76 kW，额定转速为 3 600 r·min⁻¹，满足国 1 排放标准。该发动机没有后处理装置，因此其燃烧和排放性能能够很好地表征柴油机原机性能。通过发动机台架试验获得各转速下的负荷特性数据，经拟合计算得到柴油机的燃料经济性、过量空气系数及排放特性。图 6.1 所示为该柴油机的燃油消耗率特性曲线，横坐标为转速（r·min⁻¹），纵坐标为平均有效压力 P_{me}（MPa）。该柴油机的最低油耗低于 210 g·(kW·h)⁻¹，而且经济油耗区范围较宽，体现了柴油机良好的燃料经济性。

柴油机具有较好的燃料经

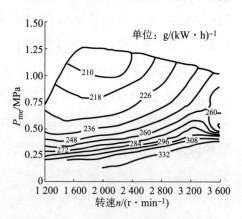

图 6.1　柴油机的燃油消耗消耗率特性曲线

济性一个主要原因是柴油机压缩比高、热效率较高；另一个主要原因就是柴油机每个工作循环供给的空气较多，燃烧过程过量空气系数较大，因而，柴油燃烧较为充分。该柴油机各工况区域的过量空气系数如图6.2 所示，可见柴油机燃烧过程的过量空气系数始终大于1，在接近全负荷时，过量空气系数仍然接近2。该柴油机小负荷时，喷油量较少，过量空气系数在5左右，缸内燃烧过程过量空气较多，因此，排气中的 CO_2 浓度较低，如图6.3 所示；随着柴油车车速提高，驱动功率需求增加，柴油机的喷油量增加，输出转矩提高，缸内燃烧过程的过量空气系数减小，排气中二氧化碳浓度提高。

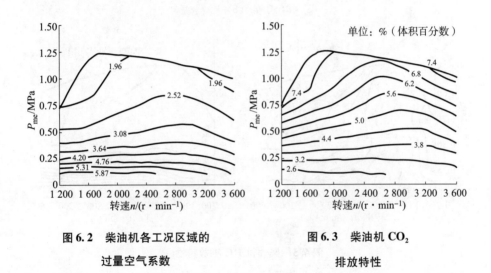

图 6.2　柴油机各工况区域的
过量空气系数

图 6.3　柴油机 CO_2
排放特性

　　如图6.3 所示，总体来说 CO_2 排放对于转速变化不太敏感，主要受负荷影响。随着负荷增加，柴油机喷油量增加，CO_2 排放浓度增加，但最高也在8%以下，可见该柴油机的 CO_2 排放浓度较低，显著低于基于理论空燃比燃烧的汽油机的 CO_2 排放浓度。

　　该柴油机 CO、HC 和 NO_x 排放特性如图6.4、图6.5 和图6.6 所示。

　　图6.4 所示为该柴油机 CO 排放的体积分数（10^{-6}）和比排放量 $[g \cdot (kW \cdot h)^{-1}]$ 特性。可见，CO 排放量总体上非常低，这是因为柴

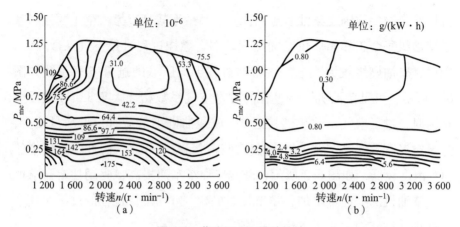

图6.4　柴油机 CO 排放特性

（a）体积分数；（b）比排放量

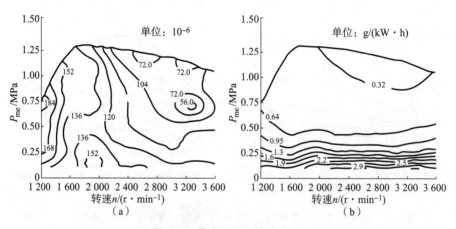

图6.5　柴油机 HC 排放特性

（a）体积分数；（b）比排放量

油机过量空气系数较大，燃料燃烧较完全，生成的 CO 较少。一般认为 CO 是在过稀不着火区与稀火焰区的边界上形成的，小负荷时由于燃烧温度不高，CO 不易氧化，因而小负荷工况下 CO 排放浓度较高。随着负荷增大，燃烧温度升高，CO 进一步氧化成 CO_2，CO 排放降低。在接近大转矩工况，由于局部喷注中心和壁面附近的燃油增多，CO 生成速率增大，随后的消除反应则取决于局部氧浓度、混合状况、局部气体温度和氧化时间等因素。

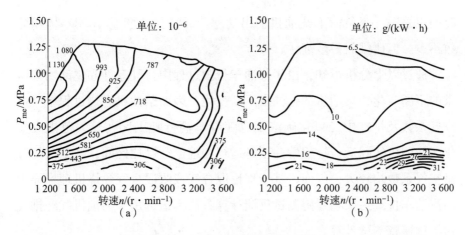

图 6.6　柴油机 NO_x 的排放特性

（a）体积分数；（b）比排放量

图 6.5 所示为该柴油机的 HC 排放特性，HC 排放很低。在图 6.5（a）中，体积分数最大值不超过 200×10^{-6}；图 6.5（b）中，在整个转速范围内，几乎所有 1/4 负荷以上区域 HC 比排放量都不超过 $1\ \mathrm{g \cdot (kW \cdot h)^{-1}}$。可见，柴油机未燃 HC 排放比汽油机少得多，一方面由于柴油机过量空气系数大，燃料燃烧较完全；另一方面由于柴油机为压燃燃烧方式，燃油停留在燃烧室中的时间比汽油机短得多，因而受壁面冷激效应、缝隙效应、油膜吸附和沉积物吸附作用较小，这也是柴油机 HC 排放较低的主要原因之一。HC 排放主要产生于过稀的混合气区域，稀熄火区存在是造成柴油机排放中未燃 HC 生成的主要原因。因此，柴油机怠速或小负荷运转时的 HC 排放高于全负荷工况，它们主要是由于缸内的温度太低而来不及进行氧化反应而生成的；在接近全负荷时，HC 排放呈下降趋势。

图 6.6 为该柴油机排放的 NO_x 体积分数（10^{-6}）和比排放量特性。由图 6.6（a）可见，随着负荷的增大，NO_x 排放量迅速升高，这是由于 NO_x 的生成强烈地依赖温度的原因；高速时 NO_x 排放量比低速时有所降低，因为随着转速的升高，燃烧持续时间缩短，燃烧室内高温持续

时间也缩短。小负荷下柴油机输出功率小，虽然小负荷下 NO_x 体积分数不大，但比排放量较高。

通过以上分析可知，由于柴油车行驶过程中行驶速度和驱动功率需求的不断变化，柴油机的喷油量不断变化，因而柴油机燃烧过程中过量空气系数及排气中二氧化碳浓度也随着车辆行驶工况在较大范围内变化。柴油机实际运行过程中并不是运行在理论空燃比区间，各工况的过量空气系数均较大，因而，基于理论混合气或浓混合气燃烧机理推导出的汽油车排气污染物遥感测试反演计算方法不适合用于柴油机气态排气污染物遥感测试计算。

国内外研究人员对柴油车气态排气污染物遥感检测方法进行了大量研究，提出了一些解决方案，总结起来，主要有以下四种方法：①检测柴油车气态排气污染物和 CO_2 的浓度比；②检测柴油车单位质量燃油消耗量的气态排气污染物排放质量（$g \cdot kg^{-1}$）；③检测柴油车单位行驶里程或单位功率的气态排气污染物排放质量（$g \cdot km^{-1}$）；④检测柴油车气态排气污染物绝对浓度（10^{-6}）排放。

6.2 柴油车气态排气污染物和 CO_2 的浓度比检测

柴油车气态排气污染物和 CO_2 的浓度比检测，通过柴油车尾气排放遥感测量仪检测排气烟羽中 CO、HC、NO 与 CO_2 的浓度比值 Q_{CO}、Q_{HC}、Q_{NO} 实现，对于排气排出后形成的排气烟羽来讲，排气中各成分的相对体积浓度比在其不同位置处近似为一个定值，因此，通过排气成分浓度比值 Q_{CO}、Q_{HC}、Q_{NO} 可以判定柴油车发动机燃烧状况和柴油车排放水平。

由于柴油机 CO 和 HC 排放较少，气态排放物中的 NO 为柴油车排放控制的重点。鉴于柴油车气态排气污染物绝对浓度检测难度较大，香港环保局采用检测排气烟羽中 NO 与 CO_2 的浓度比值的方法检测 NO 排放。相应地，高排放柴油车辆的 NO 排放限值临界点以 NO 和 CO_2 的相对浓度比（10^{-6}/%）来表示，这是通过汽车排放遥感测试系统可直接测量计算获得的参数之一。通过检测柴油车气态排放物的 NO 和 CO_2 浓度比值，衡量评价柴油车的 NO_x 排放水平。

本项目通过采集一部分国Ⅲ、国Ⅳ和国Ⅴ重型柴油车辆的遥感检测数据，分析了柴油车气态排气污染物和 CO_2 的浓度比值变化特性，本节以 NO 和 CO_2 的浓度比值为例进行分析，图 6.7 ~ 图 6.9 所示分别为一部分国Ⅲ、国Ⅳ和国Ⅴ重型柴油车辆的 NO 和 CO_2 遥感检测结果及 NO 和 CO_2 浓度比值分布特性。

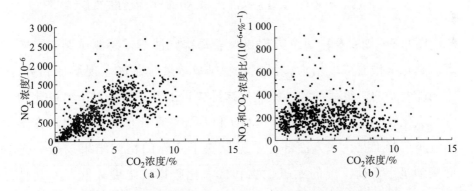

图 6.7　国Ⅲ重型柴油车辆的 NO 和 CO_2 遥感检测结果及浓度比

（a）NO 和 CO_2 遥感检测结果；（b）NO 和 CO_2 浓度比

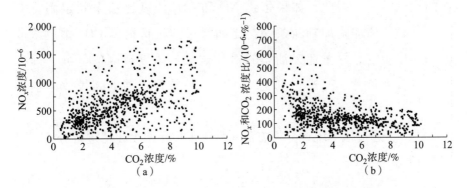

图 6.8　国Ⅳ柴油车 NO 和 CO_2 遥感检测结果及浓度比

（a）NO 和 CO_2 遥感检测结果；（b）NO 和 CO_2 浓度比

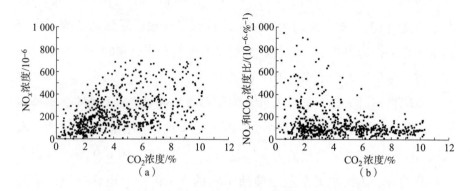

图 6.9　国 V 柴油车 NO 和 CO$_2$ 遥感检测结果及浓度比

（a）NO 和 CO$_2$ 遥感检测结果；（b）NO 和 CO$_2$ 浓度比

图 6.7～图 6.9 中每个数据点代表每次柴油车遥感测试结果。随着二氧化碳排放浓度增大，氮氧化物排放浓度也总体呈现增加趋势，表明随着柴油机负荷增大，氮氧化物排放量上升。但是对于氮氧化物和二氧化碳的浓度比值，较高的 NO 和 CO$_2$ 浓度比值大部分出现在柴油机小负荷工况，一方面部分数据反映了实际的检测结果；另一方面柴油机小负荷工况的氮氧化物和二氧化碳排放浓度较低，尤其是氮氧化物排放浓度较低，容易导致较大的检测误差。这也说明，如果仅仅依据较高的 NO 和 CO$_2$ 浓度比值来判定高排放车，会导致错误的检测结果。因此，如果依据 NO 和 CO$_2$ 浓度比值来判定高排放车辆，必须增加附加判断条件，比如对柴油机负荷或 CO$_2$ 排放浓度范围作出规定，尽量在柴油车二氧化碳排放浓度较高的区域，即在柴油机较大负荷工况进行判定。否则，易导致较高的高排放车辆误判率。

进一步通过概率统计分析方法对 NO 和 CO$_2$ 浓度比值进行分析，见图 6.10 和表 6.1。

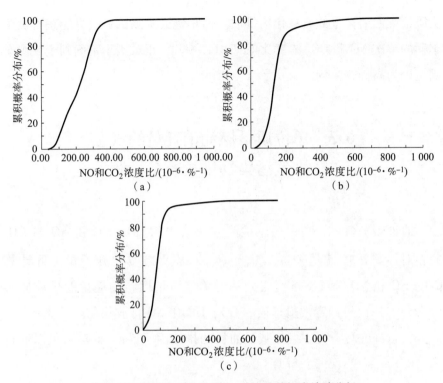

图 6.10　柴油车 NO 和 CO$_2$ 浓度比值概率统计分析

（a）国Ⅲ柴油车；（b）国Ⅳ柴油车；（c）国Ⅴ柴油车

表 6.1　柴油车 NO 和 CO$_2$ 浓度比值概率统计分析

车型	NO 和 CO$_2$ 浓度比值/（$10^{-6} \cdot \%^{-1}$）			
	最大值	统计平均值	中值	90% 累积概率分布值
国Ⅲ	949.37	215.52	223.56	316.58
国Ⅳ	1 062.84	152.10	133.93	222.39
国Ⅴ	598.70	88.50	80.75	132.54

　　由表 6.1 可以看出，NO 和 CO$_2$ 浓度比值（$10^{-6}/\%$）的统计平均值、中值和 90% 累积概率分布值随着排放标准的加严，是逐步下降的。因此，NO 和 CO$_2$ 浓度比值的统计平均值（$10^{-6}/\%$）在一定程度上可以表征车辆的排放水平。由于 CO$_2$ 排放与燃油消耗量密切相关，因此 NO 和 CO$_2$ 浓度比值（$10^{-6}/\%$）的统计平均值在一定程度上反映了单

位质量燃油消耗量的氮氧化物排放。而车辆遥感测试一般只能获得被测车辆的单次 NO 和 CO_2 浓度比值（10^{-6}/%），很难用于精确判定被测车辆是否为高排放车辆。

6.3 单位质量燃油消耗量的气态排气污染物排放质量检测

通过碳平衡法，利用遥感检测方法获得的 CO、HC 和 NO 与 CO_2 的相对体积浓度比值 Q_{CO}、Q_{HC}、Q_{NO}，以及物质的分子量，可计算 CO、HC 和 NO 等气态排气成分基于单位质量燃料消耗量的排放质量（g/kg），以此可判定被检车辆的 CO、HC 和 NO 排放状况。

气态排气污染物各组分基于油耗的排放因子（$g \cdot kg^{-1}$）可以通过式（6.1）~式（6.3）计算：

$$E_{CO} = \frac{28Q_{CO}}{(1 + Q_{CO} + 3Q_{HC}/0.493)M_{fuel}} \tag{6.1}$$

$$E_{HC} = \frac{44Q_{HC}}{(1 + Q_{CO} + 3Q_{HC}/0.493)M_{fuel}} \tag{6.2}$$

$$E_{NO} = \frac{30Q_{NO}}{(1 + Q_{CO} + 3Q_{HC}/0.493)M_{fuel}} \tag{6.3}$$

其中，E_{CO}、E_{HC}、和 E_{NO} 分别为 CO、HC 和 NO 基于油耗的排放因子，$g \cdot kg^{-1}$；$Q_{CO} = \dfrac{C_{CO}}{C_{CO_2}}$、$Q_{HC} = \dfrac{C_{HC}}{C_{CO_2}}$、$Q_{NO} = \dfrac{C_{NO}}{C_{CO_2}}$ 分别为 CO、HC 和 NO 与 CO_2 的相对体积浓度比值。28、44 和 30 分别为 CO、HC（以 C_3H_8 计）和 NO 的分子量 $28\ g \cdot mol^{-1}$、$44\ g \cdot mol^{-1}$ 和 $30\ g \cdot mol^{-1}$，C 分子量为 $12\ g \cdot mol^{-1}$；M_{fuel} 是柴油的摩尔质量，为 $0.013\ 85\ kg \cdot mol^{-1}$；对于柴油，碳氢比通常为 1.85，式（6.1）~式（6.3）中使用的值 0.493 为 HC 气体检测仪测量得出的以丙烷计量的总碳质量转换系数。

　　依据部分国Ⅲ柴油车遥感检测结果，分析了随车辆行驶速度变化，国Ⅲ柴油车单位质量燃油消耗量的气态排气污染物排放质量（g·kg⁻¹），如图 6.11 所示。

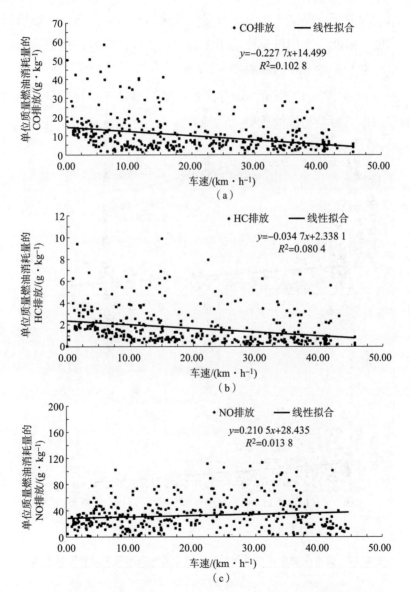

图 6.11　不同车速下国Ⅲ柴油车单位质量燃油消耗量的气态排气污染物排放质量

（a）CO 排放；（b）HC 排放；（c）NO 排放

如图 6.11 所示，国Ⅲ柴油车单位质量燃油消耗量的 CO、HC 排放质量较低。CO、HC 排放随车速增加出现了下降趋势，而 NO 排放随车速增加出现了上升趋势。

由于柴油车在测试工况下很难保持匀速运行，通常具有一定的速度和加速度，因此，采用汽车比功率作为参数，以便综合评价柴油车的速度 v 和加速度 a 对排放的影响。

图 6.12 和图 6.13 所示为部分国Ⅲ和国 V 柴油车单位质量燃油消耗量的气态排气污染物排放质量（$g \cdot kg^{-1}$）。

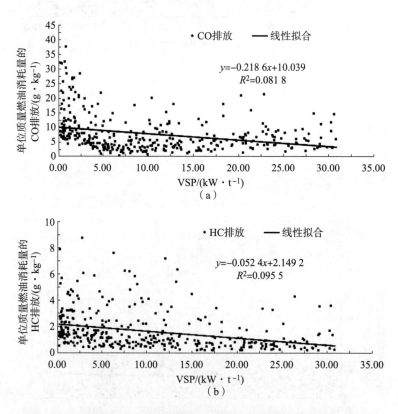

图 6.12　国Ⅲ柴油车单位质量燃油消耗量的气态排气污染物排放质量

（a）CO 排放；（b）HC 排放

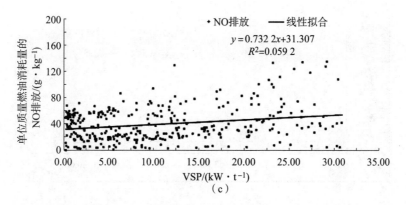

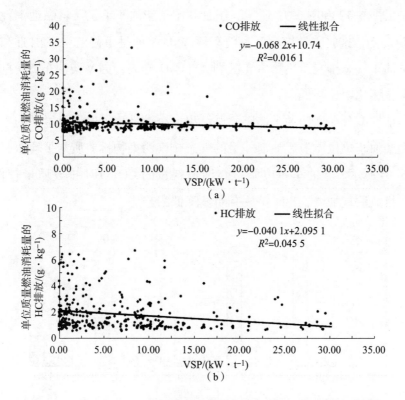

图 6.12　国Ⅲ柴油车单位质量燃油消耗量的气态排气污染物排放质量（续）

（c）NO 排放

图 6.13　国Ⅴ柴油车单位质量燃油消耗量的气态排气污染物排放质量

（a）CO 排放；（b）HC 排放

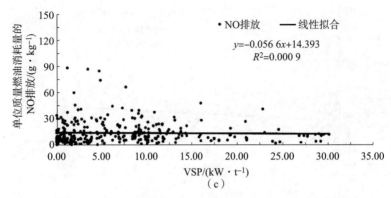

图6.13　国Ⅴ柴油车单位质量燃油消耗量的气态排气污染物排放质量（续）

（c）NO排放

由图6.12和图6.13所示，国Ⅲ和国Ⅴ柴油车单位质量燃油消耗量的CO、HC排放质量均较低，随车辆VSP增加呈下降趋势。国Ⅲ和国Ⅴ柴油车气态排气污染物主要区别在于NO排放，国Ⅴ柴油车NO排放与国Ⅲ相比明显降低。

依据部分在用柴油车遥感测试结果，统计计算了国Ⅰ至国Ⅴ的在用重型柴油车单位质量燃油消耗量的气态排气污染物排放质量平均值，如图6.14所示。柴油车单位质量燃油消耗量的CO、HC排放质量较低，随着排放法规加严，NO_x排放有明显降低的趋势。

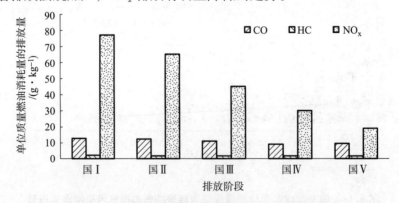

图6.14　国Ⅰ至国Ⅴ的在用重型柴油车单位质量燃油

消耗量的气态排气污染物排放质量

基于单位质量燃油消耗量的污染物排放质量能够反映汽车的排放水平，但车辆小负荷工况下单位质量燃油消耗量的 NO 排放质量较高且偏差较大，用于高排放车辆筛查时误判率会较高。

ICCT 依据欧洲柴油车 NO_x 排放遥感测试数据，计算了消耗单位质量燃料的 NO_x 排放因子，并与 PEMS 测试结果进行了对比，如图 6.15所示，尽管数据测试采集方法不同，遥测和 PEMS 数据之间的一致性非常好。

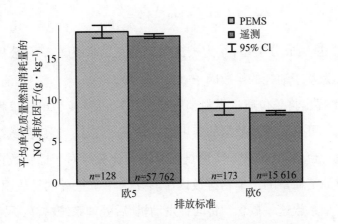

图 6.15　柴油车 NO_x 遥感测试数据与 PEMS 测试结果对比

6.4　单位行驶里程或单位功率的气态排气污染物排放质量检测

对轻型柴油车 NO_x 和其他污染物来说，所有相同排放标准的乘用车都必须满足相同的单位里程排放限值（$g \cdot km^{-1}$），而重型车及发动机必须满足比排放量 $[g \cdot (kW \cdot h)^{-1}]$ 限值要求。由于这些限值与每辆汽车的油耗无直接关系，因此，以单位质量燃料消耗量的排放量（$g \cdot kg^{-1}$）并不足以将车辆的实际排放性能与排放限值进行比较。应转换成轻型车单位里程排放量（g·km^{-1}）或重型车及发动机的单位功率比排放量 [g·(kW·h)$^{-1}$]。

6.4.1 轻型车单位行驶里程排放量（g·km^{-1}）计算

基于行驶里程的气态排气污染物各组分排放因子可通过式（6.4）计算：

$$EF_i \ (\text{g}\cdot\text{km}^{-1}) \ = \frac{E_{ij}G_j}{100} \tag{6.4}$$

其中，i 为排气成分类型；j 为被测车辆类型；G_j 为车辆百公里燃油消耗量；E_{ij} 为基于油耗的排放因子（g·kg^{-1}）。

ICCT 提出将单位质量燃料消耗量的排放量转换为单位里程排放因子的方法，可提高遥测数据的实用性。基于此方法，遥测测试结果可与排放限值、台架测试、PEMS 测试结果进行比较。对于遥测数据，将单位质量燃油消耗量的污染物排放因子转化为单位里程的排放因子方法，需采用车型系族这一概念，将同种发动机/后处理系统/排放标准的车型划分归类，可以获取同种车型系族的排放因子，具体步骤如下。

（1）使用车牌信息检索每个车辆样本的官方油耗/CO$_2$ 排放量值。

（2）计算每个车型系族的平均官方油耗/CO$_2$ 排放量值。

（3）根据实际道路油耗/CO$_2$ 排放量差距的估算值，对官方油耗/CO$_2$ 排放量进行修正。

（4）用每千克油耗的污染物排放量乘以车辆单位行驶里程油耗，或者用遥感测得的污染物和 CO$_2$ 排放量的比值乘以车辆实际道路单位行驶里程油耗的 CO$_2$ 排放量，得到每个车型系族单位里程的污染物排放因子（g·km^{-1}）。

需要指出的是，应用此方法有一个前提假设：被测车辆在遥感测试工况的单位里程燃油消耗量或单位里程 CO$_2$ 排放量等于实际道路行驶的单位里程燃油消耗量或 CO_2 排放量的平均值。

　　平均官方油耗/CO_2 排放量值一般为汽车百公里耗油量/CO_2 排放量的指标，该指标一般是指汽车以其经济车速行驶百公里的耗油量。图 6.16 所示为汽车燃油经济性和车辆质量的统计关系，车辆质量增加，一般车身尺寸会增加，因此空气阻力和滚动阻力都增大，同时，车辆质量增加造成惯性力也增大，百公里的耗油量增加。

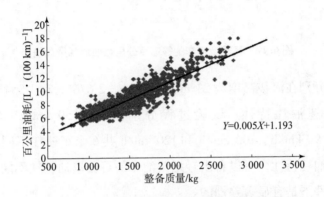

图 6.16　汽车燃油经济性和车辆质量的统计关系

　　实际上，车辆瞬时燃油消耗量或 CO_2 排放与车辆车速或负载相关，并且在实际运行工况下会有很大差异。等速行驶百公里燃油消耗量是一种常用的评价指标，是指汽车在一定的载荷（我国标准规定轿车为半载、货车为满载）下，以最高挡在水平良好路面上等速行驶 100 km 的燃油消耗量，通常是测出每隔 10 km/h 速度间隔的等速百公里燃油消耗量，在图上连成曲线，即得等速百公里燃油消耗量曲线，图 6.17 所示为某轻型汽车的等速百公里燃油消耗量曲线。利用该曲线来评价汽车的燃油经济性，不同车型的等速百公里油耗曲线差别较大，但大多数车型在中等车速范围的百公里油耗较低。

　　等速行驶工况不能全面反映汽车的实际运行情况，特别是在市区道路行驶中频繁出现的加速、减速、怠速、停车等行驶工况。并且，汽车燃油经济性还与环境条件有关，图 6.18 所示为一款排量为 2.0 L 的轻

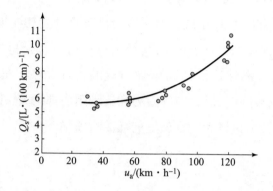

图 6.17　某轻型汽车的等速百公里燃油消耗量曲线

型柴油车分别在海拔高度为 21 m、1 520 m、2 676 m 和 3 554 m 条件下测试的等速油耗特性。试验过程分别测试了 50 km/h、60 km/h、80 km/h、90 km/h、100 km/h 和 120 km/h 共 6 个车速在不同海拔条件下的等速油耗特性，可以看出轻型柴油车的百公里油耗在不同车速、不同海拔条件下是有显著差别的。

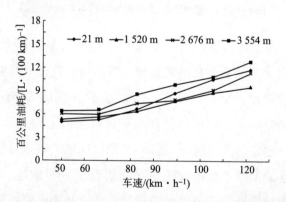

图 6.18　轻型柴油车不同海拔、不同车速条件下的等速油耗特性

　　因此，采用车辆统计平均官方油耗/CO_2 排放量值计算单位里程的排放因子，在样本量足够大时，此估算值具有代表性，但此方法并不适用于单次遥感测试记录的分析。

　　ICCT 对欧洲收集到的 70 万条遥测数据进行了分析，图 6.19 所示为欧 1 到欧 6 柴油和汽油乘用车的遥感 NO_x 排放因子。可见，汽油车的 NO_x 排放因子随着法规限值的加严而显著下降，而柴油车实际道路行驶中 NO_x 排放因子从欧 1 到欧 5 几乎没有下降。由图 6.19 可见，2000 年至 2005 年之间生产的欧 3 汽油车的排放性能甚至要好于 2014 年以后生产的欧 6 柴油车。

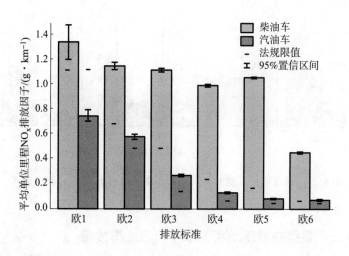

图 6.19　欧 1 到欧 6 柴油和汽油乘用车的遥感 NO_x 排放因子

图 6.20 所示为 2017—2018 年伦敦遥感测试和欧洲遥感测试数据数据库（CONOX）中欧 2 至欧 6 柴油和汽油乘用车的单位里程 NO_x 排放因子对比。随着排放标准逐渐加严，汽油乘用车的 NO_x 排放量有所下降，欧 5 和欧 6 汽油车的平均 NO_x 排放因子在对应排放限值的 1.3 倍以内。然而，从欧 2 到欧 5，柴油乘用车的 NO_x 排放并没有明显的下降。欧 5 和欧 6 柴油车的平均 NO_x 排放因子约为对应实验室排放限值的 5~6 倍。这一结论和欧洲其他遥感测试及 PEMS 测试的结论是一致的。

以上研究表明，将遥测数据转换为单位里程的排放因子，在计算车队平均排放量时具有很好的实用性。

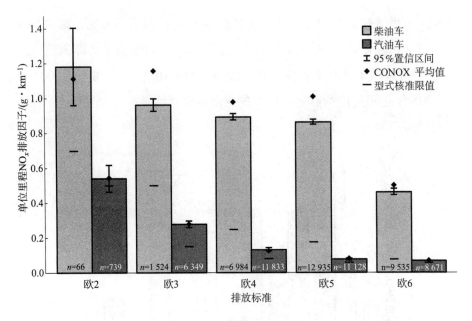

图 6.20　欧 2 至欧 6 柴油和汽油乘用车的单位里程 NO$_x$ 排放因子

6.4.2　重型车及发动机的单位功率比排放量[g·(kW·h)$^{-1}$]计算

　　目前重型车及发动机排放法规限值为单位功率的排放量 [g·(kW·h)$^{-1}$]，若将重型柴油车的单位质量燃油消耗量的污染物排放量（g·kg^{-1}）转换为重型车及发动机的单位功率比排放量 [g·(kW·h)$^{-1}$]，则必须知道重型柴油车遥感测试工况下的柴油机单位功率的燃油消耗率，在柴油机工况已知的条件下，可以通过查询柴油机燃油消耗率的万有特性图，获取该工况点的单位功率的燃油消耗率 [g·(kW·h)$^{-1}$]，通过计算将单位油耗的污染物排放量（g·kg^{-1}）转换为重型车的单位功率比排放量 [g·(kW·h)$^{-1}$]，即可与采用功窗口法获得的 PEMS 车载排放测试结果进行对比。

　　要获得被测柴油车发动机燃油消耗率，需要通过汽车行驶动力学模型将汽车驱动力转换为发动机转矩，并将汽车车速转换为发动机转速，依据发动机转矩和转速查询柴油机燃油消耗率的万有特性图获取该工况点的单位功率的燃油消耗率。

图 6.21 所示为上海柴油机厂生产的满足欧Ⅲ排放标准的 6114 涡轮增压柴油机的万有特性曲线图，该柴油机排量为 8.8 L，压缩比为 17.5，标定功率为 243 kW@2 200 r·min^{-1}，最大转矩为 1 320 Nm@1 400 r·min^{-1}，该柴油机最大转矩工况油耗率为 198 g·(kW·h)$^{-1}$，标定工况油耗率 226 g·(kW·h)$^{-1}$。

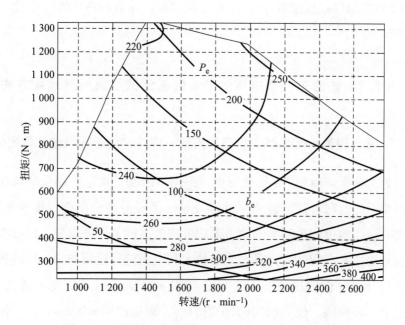

图 6.21　上柴 6114 涡轮增压柴油机的万有特性曲线图

由图 6.21 可见，尽管 6114 涡轮增压柴油机低油耗率区域较宽，但不同工况点的燃油经济性还是有显著差异的。由于确定车辆测试工况下的发动机工况计算需获取较多参数，因此不容易准确确定发动机的工况点，并且很多重型车的柴油机万有特性曲线未知。因此，此方法不适宜单次遥感测试记录结果分析。

在样本量足够大时，可采用柴油机单位功率的燃油消耗率统计值进行估算，计算结果可用来评估重型柴油车单位功率的排气污染物排放量 $[g \cdot (kW \cdot h)^{-1}]$。

6.5 柴油车气态排气污染物绝对浓度检测

环境保护部 2017 年 7 月 27 日颁布实施的柴油车遥感测试标准（HJ 845—2017）规定利用遥测法对在用柴油车进行 NO 排放检测，为了满足 HJ 845—2017 标准要求，必须测试 NO 排放浓度。

6.5.1 柴油车气态排气污染物遥感测试结果反演计算方法

1. 基于理论空燃比燃烧机理的汽柴一体的排放遥感测试设备测试

为了测量柴油车 NO 排放浓度，采用目前基于理论空燃比燃烧机理的汽柴一体的汽车排放遥感测试设备对一辆轻型柴油车进行排放测试。该汽柴一体的排放遥感测试设备采用先进的可调节红外激光二极管差分吸收光谱技术、紫外差分吸收光谱技术和微弱信号检测技术，检测机动车实际行驶过程中排放的 CO、HC、NO 和 CO_2，以及烟度不透光度，并记录车辆牌照，仪器响应时间 $\leqslant 0.6\ s$，测量周期 $\leqslant 0.8\ s$。汽车尾气遥感检测系统技术参数见表 6.2。

表 6.2 汽车尾气遥感检测系统技术参数

测量项目	测量范围	单位	精度
CO 浓度	0 ~ 10	%	±0.25% 或读数的 ±10%
CO_2 浓度	0 ~ 16	%	±0.25% 或读数的 ±10%
HC 浓度	0 ~ 20 000	10^{-6}	$±250 × 10^{-6}$ 或读数的 ±15%
NO 浓度	0 ~ 10 000	10^{-6}	$±250 × 10^{-6}$ 或读数的 ±10%

续表

测量项目	测量范围	单位	精度
烟度不透光度	$0 \sim 100$	%	读数的 $\pm 5\%$
光吸收系数	$0 \sim \infty$	m^{-1}	读数的 $\pm 5\%$
车速	$10 \sim 120$	km/h	± 1.6 km/h

为了同步检验遥感检测系统的排放检测结果，采用美国 Sensor 公司开发的 SEMTECH-DS 车载排放测试系统，对车辆排放进行同步测试。该仪器采用不分光红外分析法检测一氧化碳和二氧化碳，使用氢火焰离子检测器检测碳氢化合物，采用非分散紫外分析法（non-dispersive ultraviolet，NDUV）分析一氧化氮和二氧化氮浓度，利用电化学法测量氧气含量。SEMTECH-DS 主要参数见表 6.3。

表 6.3　SEMTECH-DS 主要参数

污染物	测量范围	分辨率	测量精度
CO_2	$0 \sim 20\%$	0.01%	$\pm 3\%$
CO	$0 \sim 8\%$	10×10^{-6}	$\pm 50 \times 10^{-6}$ 或 $\pm 3\%$
THC	$0 \sim 100 \times 10^{-6}$	0.1×10^{-6}	$\pm 5 \times 10^{-6}$ 或 $\pm 2\%$
	$0 \sim 1\ 000 \times 10^{-6}$	1×10^{-6}	$\pm 5 \times 10^{-6}$ 或 $\pm 2\%$
	$0 \sim 10\ 000 \times 10^{-6}$	1×10^{-6}	$\pm 25 \times 10^{-6}$ 或 $\pm 2\%$
NO	$0 \sim 2\ 500 \times 10^{-6}$	1×10^{-6}	$\pm 15 \times 10^{-6}$ 或 $\pm 3\%$
NO_2	$0 \sim 500 \times 10^{-6}$	1×10^{-6}	$\pm 10 \times 10^{-6}$ 或 $\pm 3\%$

SEMTECH-DS 设备使用前需要进行预热，预热时间大约在 40 min。预热完毕后，进行标零和校准，若系统一切正常，即可进行排放检测。

测试车辆为江铃全顺柴油车，试验车辆参数见表 6.4。

表6.4   试验车辆参数

车型	江铃全顺
整车重量	2.184 t
总质量	3.51 t
最高车速	120 km·h^{-1}
发动机	南昌江铃 JX493
排量	2.8 L
额定功率	85 kW@3 200 r·min^{-1}
排放标准	国五
燃料种类	柴油
最大转矩	285 N·m@2 000 r·min^{-1}
变速箱	手动 5MT 变速器

鉴于环境条件、车速及尾部气流旋涡对车辆排放遥感测量结果会产生影响，为了减少干扰因素，排放试验工况选择柴油车暖机后的怠速工况，柴油车静止，这样可以消除由于车辆行进产生的空气流动和尾部旋涡造成的扰动；另外，由于 SEMTECH-DS 设备每秒记录一次检测数据，容易造成与遥测设备检测时刻不同步的情况，选择柴油车相对稳定的怠速工况，排放也较为稳定，可降低由于车载排放测试设备和遥感检测设备测试时间不同步产生的误差，提高试验数据对比结果的可信度。

试验过程中采用汽车尾气遥感检测装置和 SEMTECH-DS 设备对试验车辆排放进行同步检测，将遥感检测设备的测试数据与 SEMTECH-DS 设备的检测数据对比（假定 SEMTECH-DS 设备的检测数据是发动机排放的真实值），分析遥测设备测试结果准确度。

图 6.22 为遥测法和车载法测得的 NO 排放浓度对比，可以看出柴油车怠速工况下遥测法和车载法测得的 NO 浓度差异较大，且遥测法测得的 NO 浓度过大。对比柴油车遥感测试标准中 NO 排放限值，NO 排放遥感测试结果可能导致该车辆被误判为高排放车。

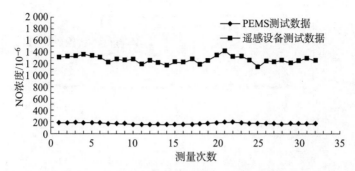

图 6.22 遥测法和车载法测得的 NO 排放浓度对比

同样，对比分析了 CO 及 CO_2 排放，如图 6.23 和图 6.24 所示，遥测法和车载法测得的 CO、CO_2 排放浓度差别较大，进一步分析柴油车发动机息速工况的过量空气系数，如图 6.25 所示，过量空气系数接近于 8，并不是运行在理论空燃比区间，这说明基于浓混合气或理论空燃比燃烧假设的遥测排放反演计算算法不适合柴油车。

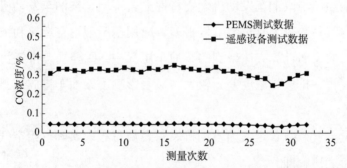

图 6.23 遥测法和车载法测得的 CO 排放浓度对比

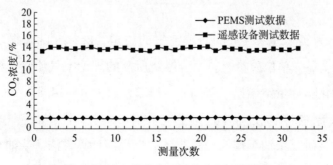

图 6.24 遥测法和车载法测得的 CO_2 排放浓度对比

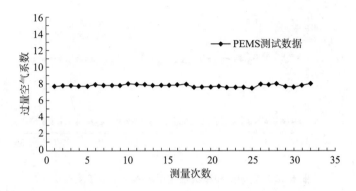

图 6.25 柴油车发动机怠速工况的过量空气系数

2. 柴油车气态排气污染物遥感测试结果反演计算方法

通过上述分析，可以看出目前基于理论空燃比燃烧机理的汽柴一体的排放遥感测试设备对柴油车气态排放物的检测技术还不完善，主要原因在于柴油车与汽油车发动机燃烧特性显著不同，柴油车发动机燃烧过程过量空气系数较大且过量空气很多，应用基于理论空燃比和浓混合气燃烧方式的反演计算方法得到的柴油车尾气中 NO 等气态排气污染物浓度与排气管中排放物浓度差异较大，显著影响了柴油车排放遥感测量结果准确度。

过量空气系数 α 定义为发动机燃料燃烧过程中实际供给空气量与理论空气量之比，即

$$\alpha = \frac{m_1}{g_b l_0} \tag{6.5}$$

式中，m_1 为实际进入气缸的新鲜空气的质量，kg；g_b 为每循环燃料供给量，kg；l_0 为单位质量燃料完全燃烧所需的理论空气质量，称为理论空燃比或化学计量空燃比。柴油 $l_0 \approx 14.3$，汽油 $l_0 \approx 14.8$。

考虑柴油机燃烧过程中过量空气系数 α 大于 1 且过量空气较多的事实，需重新研究柴油车排放遥感测试数据反演计算方法。柴油车尾气排出后在大气中扩散并被稀释，在扩散过程中，排气烟羽中各气态排放物

成分的相对浓度比仍假定是不变的，这里仍以 CO_2 为参比气体时，CO、HC 和 NO 与 CO_2 的相对体积浓度比为定值。建立如下燃烧方程：

$$CH_2 + m\ (0.21\ O_2 + 0.79\ N_2\ ) \longrightarrow aCO + bH_2O + cC_4H_6 +$$

$$dCO_2 + eNO + \left(0.79m - \frac{e}{2}\right)N_2 + xO_2 \tag{6.6}$$

根据物质平衡定律：

$$碳原子平衡：a + 4c + d = 1 \tag{6.7}$$

$$氢原子平衡：2b + 6c = 2 \tag{6.8}$$

$$氧原子平衡：a + b + 2d + e + 2x = 0.42m \tag{6.9}$$

过量空气系数 α 用式（6.10）表示：

$$\alpha = \frac{0.42m}{(a + b + 2d + e)} \tag{6.10}$$

$$0.42m = \alpha\ (a + b + 2d + e) \tag{6.11}$$

由式（6.9）、式（6.11）得到

$$x = (\alpha - 1)\ (a + b + 2d + e)/2 \tag{6.12}$$

由浓度比公式得到 $a = dQ_{CO}$ 和 $c = dQ_{HC}$，代入式（6.7），得到

$$dQ_{CO} + 4dQ_{HC} + d = 1 \tag{6.13}$$

即

$$d = \frac{1}{Q_{CO} + 4Q_{HC} + 1} \tag{6.14}$$

将 $c = dQ_{HC}$ 代入式（6.8），得到

$$2b + 6dQ_{HC} = 2 \tag{6.15}$$

即

$$b = 1 - 3dQ_{HC} \tag{6.16}$$

根据燃烧方程（6.6）可以知道，燃烧后排气中 CO_2 的浓度（不考虑生成物中水的含量）为

$$C_{CO_2} = \frac{d}{a + c + d + e + 0.79m - \dfrac{e}{2} + x} \tag{6.17}$$

将式（6.11）和式（6.12）代入式（6.17）得到

$$C_{CO_2} = \frac{d}{2.38\alpha\ (a+b+2d+e)\ +0.5a+c-0.5b} \tag{6.18}$$

将式（6.18）的分子和分母同除以 d，可以得到

$$C_{CO_2} = \frac{1}{0.5a/d+c/d-0.5b/d+2.38\alpha\ (a/d+b/d+2+e/d)}$$

$$= \frac{1}{0.5Q_{HC}-0.5+2.38\alpha\ (2Q_{CO}+Q_{HC}+3+Q_{NO})} \tag{6.19}$$

最后可以得到 CO_2 体积百分比浓度为

$$E_{CO_2} = \frac{100}{0.5Q_{HC}-0.5+2.38\alpha\ (2Q_{CO}+Q_{HC}+3+Q_{NO})} \tag{6.20}$$

相应地，可以得到 CO、HC 和 NO 的体积百分比浓度：

$$E_{CO} = E_{CO_2} \cdot Q_{CO} \tag{6.21}$$

$$E_{HC} = E_{CO_2} \cdot Q_{HC} \tag{6.22}$$

$$E_{NO} = E_{CO_2} \cdot Q_{NO} \tag{6.23}$$

式（6.20）中，α 为柴油车测试工况下柴油机过量空气系数，Q_{CO}、Q_{HC} 和 Q_{NO} 分别为遥感检测得到的排气烟羽中 CO、HC 和 NO 与 CO_2 的相对体积浓度比值。

因此，对于柴油车 NO_x 等气态排放物遥感实时测量，除了通过遥感测试设备获得 NO_x、CO、HC 与 CO_2 的相对体积浓度比值外，还必须获知该测试工况下的柴油机过量空气系数。

3. 柴油车发动机排放和过量空气系数测量和计算方法

柴油车发动机过量空气系数是反映混合气形成和燃烧程度及整机性能的一个重要指标，定义为缸内实际供给的空气量与缸内燃油完全燃烧时所需的理论空气量之比。在柴油机气缸吸入空气量一定的情况下，过量空气系数减小就意味着气缸内喷油量增加、输出功率增大。在柴油机运行过程中，过量空气系数始终大于1，过量空气系数对柴油机动力

性、经济性和排放有显著影响。

　　由过量空气系数定义可知，只需测量进入发动机的空气质量流量和消耗的燃料质量流量，即可计算出过量空气系数。但由于发动机存在转速波动和循环过程存在瞬态变化，按这种计算方法计算的过量空气系数与各缸中的过量空气系数会存在差异，在转速和负荷波动不大时，可用这种方法测定和计算柴油机的过量空气系数值。

　　在车辆实际道路排放测试过程中，很多情况不能直接测量进入发动机的空气质量流量，如果能够通过 OBD 读取发动机的进气质量流量和燃料喷射量，也可以计算发动机的过量空气系数。目前，车辆实际道路排放测试采用排气流量计测量排气流量，采用排气分析仪测量各排气成分浓度，并采用碳平衡方法计算燃料消耗量，因此不需要在进气管和燃油管路中安装测量仪器，可通过对排气成分分析计算来计算过量空气系数。

　　当前，已有多家企业开发出了适用于轻型车和重型车 RDE 测试法规的 PEMS 产品，如美国 Sensor 公司 SEMTECH-DS 和 SEMTECH-LDV、日本 HORIBA 公司 OBS-ONE 和奥地利 AVL 公司 MOVE-iS 等，并且均具有排放数据处理功能。上述三种 PEMS 设备均已通过了欧盟相关机构的认证。PEMS 在重型车内安装实例如图 6.26 所示。根据车辆的载重情况，可以适当增加相应的载荷。

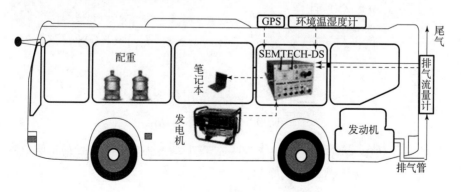

图 6.26　PEMS 在重型车内安装实例

将 PEMS 安装在车上，实时测量车辆行驶过程中的排气流量、污染物浓度、环境温度、湿度、大气压力、经纬度等相关参数。排气流量计采用全流取样，将排气流量计直接与车辆排气管相连进行测试。国四以后阶段柴油车可通过 OBD 软件和相关硬件以及 CAN（控制器局域网络）总线获得发动机瞬时转速、功率、油门位置、冷却系统温度、后处理装置的温度、尿素喷射信号（对带有 SCR 的机型）等参数。

通过测量获取车辆排气流量，同时结合排放测试设备测取的排气组分体积浓度，可以计算得到不同排放物的排放量。

由于受到排气流速、排气温度及压力、采样管路长度、各污染物进入不同分析仪的时间顺序和分析仪响应时间差异的影响，试验过程中所记录的各污染物浓度、排气质量流量、车速及其他瞬态数据之间存在时序不统一，在数据处理前，需要对其进行时间校正，以获取于同一时刻产生的各项参数。

部分制造商生产的 PEMS 设备所测量的 CO 及 CO_2 浓度为干基浓度，则测得的干基浓度应转化为湿基浓度：

$$C_{wet} = k_w \times C_{dry} \qquad (6.24)$$

式中，C_{wet} 为污染物湿基浓度，10^{-6}（或 10^{-6} C），或体积百分数；c_{dry} 为污染物干基浓度，10^{-6}（或 10^{-6}C），或体积百分数；k_w 为干湿基修正系数。

可用式（6.25）计算 k_w：

$$k_{w,a} = \left(\frac{1}{1 + \alpha \times 0.005 \times (C_{CO_2} + C_{CO})} - k_{w1} \right) \times 1.008 \qquad (6.25)$$

其中

$$k_{w1} = \frac{1.608 \times H_a}{1\,000 + (1.608 \times Ha)}$$

式中，H_a 为进气绝对湿度，g/kg；C_{CO_2} 为干基 CO_2 浓度，%；C_{CO} 为干基 CO 浓度，%；a 为燃料的氢摩尔比。

按照重型车国六标准 GB 17691—2018 规定，由 PEMS 测量得到的

NO_x 浓度可不进行环境大气温湿度校正。

瞬时质量排放速率由湿基浓度排放乘以尾气的标准体积流量，再乘以每种污染物的标准密度。计算公式如式（6.26）所示。

$$\dot{m}_i = C_{i,\text{wet}} \times V_{\text{std}} \times \rho_{i,\text{std}} \tag{6.26}$$

其中，$\dot{m}_i$ 为第 i 种污染物瞬时质量排放速率；$C_{i,\text{wet}}$ 为第 i 种污染物的湿基浓度；V_{std} 为排气标准体积流量；$\rho_{i,\text{std}}$ 为第 i 种污染物的标准密度。

柴油车辆主要排放污染物标准密度见表6.5。

表 6.5　柴油车辆主要排放污染物标准密度（273 K，101.3 kPa）

污染物	CO_2	CO	HC（$CH_{1.8}$）	NO_x（NO_2 计）
标准密度/$(g \cdot L^{-1})$	1.963 6	1.250	0.574 6 (0.716)	2.053

由于车辆在实际行驶中测量燃油消耗数据比较困难，部分车辆可通过 OBD 读取燃油喷射量来计算瞬时燃油消耗量，在不能获取 OBD 数据的情况下，可基于碳平衡原理，根据排放测量结果，计算得到逐秒的燃油消耗量。碳平衡法基于排气中 CO、CO_2、HC，颗粒物中碳元素的总量与所消耗燃油中碳元素相平衡的原理，因为排气颗粒物中的碳与排气中的其他碳元素相比，所占比例极小，可以忽略不计，因此一般 C 平衡公式都忽略了颗粒中 C 的影响，由此得到体积油耗的计算公式如式（6.27）所示。

$$\dot{Q}_f = \frac{0.866\,\dot{m}_{\text{HC}} + 0.429\,\dot{m}_{\text{CO}} + 0.273\,\dot{m}_{\text{CO}_2}}{1000 \times \rho_{\text{diesel}} \times C_{\text{fuel}}} \tag{6.27}$$

其中，$\dot{Q}_f$ 为柴油的体积消耗率，L/s；ρ_{diesel} 为柴油密度，本书中取 0.868 g/L；$\dot{m}_{\text{HC}}$、$\dot{m}_{\text{CO}}$ 和 $\dot{m}_{\text{CO}_2}$ 为 HC、CO 和 CO_2 的瞬时排放速率，g/s；C_{fuel} 为柴油中的碳含量，取值为 0.866。

柴油质量消耗率可表示为

$$\dot{m}_f = \dot{Q}_f \rho_{\text{diesel}} \tag{6.28}$$

单位时间的油耗是指某一选定工况下单位小时的油耗平均值, 计算公式如式 (6.29) 所示:

$$Q_{1-2} = \frac{\int_{t_1}^{t_2} \dot{Q}_f \mathrm{d}t}{t_2 - t_1} \times 3\,600 \tag{6.29}$$

式中, Q_{1-2} 为试验期间 ($t_2 - t_1$) 内的燃油消耗量, $\mathrm{L \cdot h^{-1}}$; t_1 和 t_2 分别为该工况的起始时间和结束时间, s。

表征机动车排放因子的方法主要包括三种。

第一种是基于行驶里程的排放因子, 即车辆每行驶 1 km 排放污染物的量, 以 $\mathrm{g \cdot km^{-1}}$ 计; 计算公式如下:

$$E_{di} = \frac{\int_{t_1}^{t_2} \dot{m}_i \mathrm{d}t}{\int_{t_1}^{t_2} v \mathrm{d}t} \tag{6.30}$$

式中, E_{di} 为基于行驶距离的排放因子, $\mathrm{g \cdot km^{-1}}$; i 为车辆排放的某种污染物, 本书中排放污染物包括 CO、HC、NO_x、PM 和 CO_2; $\dot{m}_i$ 为某种污染物逐秒排放速率, $\mathrm{g \cdot s^{-1}}$; t_1 和 t_2 分别为该工况的起始时间和结束时间, s; v 为车辆瞬时速度, $\mathrm{km \cdot s^{-1}}$。

第三种是基于燃料消耗的排放因子, 即每消耗 1 kg 燃料机械排放的污染物的量, 以 $\mathrm{g \cdot kg^{-1}}$ 计, 计算公式如下:

$$E_{fi} = \frac{\int_{t_1}^{t_2} \dot{m}_i \mathrm{d}t}{\int_{t_1}^{t_2} \dot{m}_f \mathrm{d}t} \tag{6.31}$$

式中, E_{fi} 为基于燃料消耗的排放因子, $\mathrm{g \cdot kg^{-1}}$。

第二种是基于功率的排放因子, 即每消耗单位功率排放的污染物的量, 以 $\mathrm{g \cdot (kW \cdot h)^{-1}}$ 计, 计算公式如下:

$$E_{wi} = \frac{\int_{t_1}^{t_2} \dot{m}_i \mathrm{d}t}{\int_{t_1}^{t_2} p \mathrm{d}t} \tag{6.32}$$

式中，E_{wi} 为基于功率的排放因子，$g \cdot (kW \cdot h)^{-1}$；$p$ 为该工况下的柴油车瞬时驱动功率，kW。

柴油车瞬时驱动功率 p 可由 ECU（电子控制单元）数据（发动机转矩和发动机转速）计算发动机瞬时功。根据发动机的实际转速和转矩值，得到发动机输出功率：

$$p = \frac{T_t \cdot n}{9\,550} \qquad (6.33)$$

式中，T_t 为发动机瞬时转矩，$N \cdot m$；n 为瞬时转速，$r \cdot min^{-1}$。

依据瞬时排气中各成分含量计算柴油车测试工况下的过量空气系数如下：

$$\lambda_i = \frac{\left(100 - \dfrac{c_{CO_d} \times 10^{-4}}{2} - c_{HC_w} \times 10^{-4}\right) + \left(\dfrac{\alpha}{4} \times \dfrac{1 - \dfrac{2 \times c_{CO_d} \times 10^{-4}}{3.5 \times c_{CO_2d}}}{1 + \dfrac{c_{CO} \times 10^{-4}}{3.5 \times c_{CO_2d}}} - \dfrac{\varepsilon}{2} - \dfrac{\delta}{2}\right) \times \left(c_{CO_2d} + c_{CO_d} \times 10^{-4}\right)}{4.764 \times \left(1 + \dfrac{\alpha}{4} - \dfrac{\varepsilon}{2} + \gamma\right) \times \left(c_{CO_2d} + c_{CO_d} \times 10^{-4} + c_{HC_w} \times 10^{-4}\right)}$$

$$(6.34)$$

式中，λ_i 为瞬时过量空气系数；α 为氢碳摩尔比（H/C），1.85；c_{CO_2d} 为干基 CO_2 浓度，%；c_{CO_d} 为干基 CO 浓度，10^{-6}；c_{HC_w} 为湿基 HC 浓度，10^{-6}；γ 为硫碳摩尔比（S/C）；δ 为氮碳摩尔比（N/C）；ε 为氧碳摩尔比（O/C）；燃料分子式为：$CH_\alpha O_\varepsilon N_\delta S_\gamma$。

4. 柴油车气态排气污染物遥感测试反演计算方法验证

柴油车气态排气污染物遥感测试结果反演计算方法验证仍采取遥感检测系统和车载排放测试同步测量的方式，对比分析遥感测试反演计算结果和 PEMS 测试结果的一致性。

鉴于环境条件、车速及尾部气流旋涡对车辆排放遥感测量结果会产生影响，为了减少干扰因素，排放试验工况选择柴油车暖机后的怠速工况和恒速工况，这样尽可能消除由于车辆行进产生的空气流动和尾部旋涡造成的扰动；另外，由于 SEMTECH-DS 设备每秒记录一次检测数据，容易造成与遥测设备检测时刻不同步的情况，选择柴油车相对稳定的怠速和恒速工况，排放也较为稳定，可降低由于车载排放测试设备和遥感检测设备测试时间不同步产生的误差，提高试验数据对比结果的可信度。

在此，我们定义第 5 章中式（5.18）表征的理论空燃比燃烧产物 CO_2 浓度的反演计算公式为汽油模式，而考虑将柴油机过量空气系数的燃烧过程的 CO_2 排放浓度的反演计算公式（6.20）定义为柴油模式，过量空气系数通过车载排放测试设备测量得到。图 6.27 为柴油车怠速和不同车速条件下车载法测得的柴油车气态排放物浓度与遥测法采用汽油模式和柴油模式反演计算结果对比，可以看出采用汽油模式反演计算方法的遥感测试结果与车载法测得的排放结果差异较大，而采用柴油模式反演计算方法的遥感测试结果与车载法测得的排放结果非常接近，最大偏差小于 7%。柴油车发动机怠速工况和各恒速工况的过量空气系数均大于 1，并不是运行在理论空燃比区间，这说明基于浓混合气或理论空燃比燃烧假设的遥测排放结果的汽油模式反演计算算法不适合柴油车。

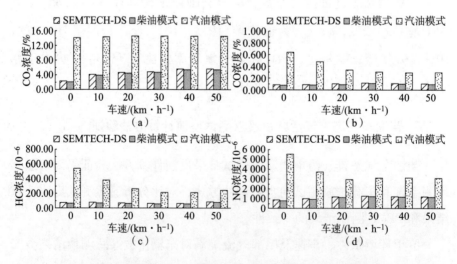

图 6.27　柴油车排气遥感测试的不同反演计算结果对比

（a）CO_2 排放对比；（b）CO 排放对比；（c）HC 排放对比；（d）NO 排放对比

　　应用本书提出的柴油车排放遥感测试数据反演计算方法，引入柴油车发动机燃烧过程中的过量空气系数，反演计算柴油车气态排放物，得到的遥感测试结果与 PEMS 测试数据接近，验证了柴油车排放遥感测试数据反演计算方法的合理性和正确性。

　　因此，柴油车气态排放物遥感测试数据反演计算方法的关键要素就是准确确定柴油车各测试工况下的柴油机过量空气系数，可以采用以下两种方法确定。

　　1）通过汽车行驶动力学模型计算柴油机过量空气系数

　　建立包含柴油机过量空气系数模型在内的汽车行驶动力学模型，借助汽车行驶动力学模型将车辆当前的速度、加速度转变为发动机的转速和转矩，然后依据发动机的转速和转矩参数借助柴油机运行工况区域的过量空气系数模型计算得到当前柴油车行驶工况的柴油机过量空气系数。汽车行驶动力学模型包括传动系统模型、换挡策略模型和发动机模型等，针对具体车型适用性好，需要获知车辆相关参数，包括车型参数（迎风面积、风阻系数、整车质量）、轮胎参数及滚动阻力系数、换挡策略、各挡传动比和传动效率、柴油机万有特性中的过量空气系数脉谱等参数，如果存在未知参数，则计算过程无法完成。

　　2）建立与汽车行驶工况相关的过量空气系数、排放的统计模型

　　建立与汽车行驶工况（速度和加速度或比功率）相关的汽车排放统计模型是目前国内外排放计算模型常用的方法。以车速和加速度（或车辆比功率）为参数的车辆统计学排放模型在针对汽车行驶工况的排放模拟方面具有较好的实用性。

　　基于采用 PEMS 测得的大量车辆排放数据，进行统计分析，建立以柴油车的速度和加速度为参数的过量空气系数脉谱模型。过量空气系数与柴油车发动机工况有很好的相关性，对于柴油车发动机每个运行工况点，喷油量控制是最基本的控制参数，对应的就是过量空气系数。在过量空气系数一定的情况下，柴油车的燃烧和排放状况还受发动机转速、

喷油正时的影响，而且排放状况还受后处理器工作特性的影响。因此，建立与柴油车运行工况相关的过量空气系数模型更具有普适性。这样通过遥感测试设备获得柴油车排气烟羽中 CO、HC 和 NO 与 CO_2 的相对体积浓度比值，以及该测试工况下的柴油车过量空气系数，就可以测得柴油车尾气中 NO 等气态排放污染物浓度。

5. 柴油车排气污染物遥感检测试验

2020 年 9 月至 11 月对部分柴油车进行了排放测试，用车辆排放遥感测试系统测量柴油机尾气中 CO、HC、NO 与 CO_2 的浓度比，并利用车载排放测试系统同步测量柴油车测试工况下的柴油机过量空气系数和排放，对柴油车 CO_2 和 NO 排放浓度测试结果进行对比分析。

1）测试车辆和排放测试设备

部分测试车辆参数见表 6.6。

表 6.6 部分测试车辆参数

排放水平	车辆类型	车辆品牌	整备质量/kg	满载质量/kg	发动机功率/kW
国 6	轻型柴油货车	五十铃	2 090	3 660	88
国 6	轻型柴油货车	福田	2 805	4 495	96
国 V	中型柴油货车	五十铃	3 250	8 280	97
国 V	重型柴油货车	豪沃	8 800	40 000	353
国 VI	重型柴油货车	豪沃	11 370	31 000	326

PEMS 采用 HORIBA 公司 OBS-ONE，如图 6.28 所示。该设备是一种集成化的车载尾气分析系统，集高精度的排放分析仪、流量计和主控电脑于一体，可实时测量并记录机动车排气中 NO、CO、CO_2 等各组分的体积浓度、颗粒物数量以及排气流量。OBS-ONE 采用 NDIR 测定 CO 和 CO_2 浓度，采用 CLD 测定 NO_x 浓度。通过 GPS（全球定位系统）模块、气象站模块和 OBD 接口，获取车辆行驶过程中的地理信息、环境参数、运行参数等，数据采集频率可根据用户需要进行调整。表 6.7 所示为 OBS-ONE 基本参数。

图 6.28　OBS-ONE 车载尾气分析系统

表 6.7　OBS-ONE 基本参数

气态污染物成分	测量原理	量程
CO	NDIR	10 vol%
CO_2	NDIR	20 vol%
NO_x	CLD	$1\ 600 \times 10^{-6}$

　　PEMS 由外部电源供电，不直接或间接采用从被测车辆发动机获得的电能。OBS-ONE 使用 22～28 V 直流电源供电（一般将 2 块大容量 12 V 蓄电池串联使用）。

　　汽车尾气遥感检测设备采用诚志宝龙的两组水平可移动式遥感检测设备，可在车辆通过时测得通过车辆的速度、加速度和尾气烟羽中 CO、CO_2、NO、HC 及排气烟度不透光度信息。

　　车辆排放测试时，PEMS 设备安装在柴油车上，遥测设备布置在车道两侧，试验车往返行程均可测得遥测数据，同步记录 PEMS 测试数据进行比对。如图 6.29 所示。

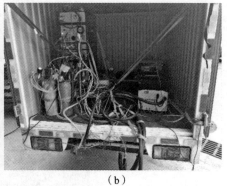

（a）　　　　　　　　　　　　　（b）

图 6.29　柴油车排放测试

（a）遥测设备；（b）PEMS 测试设备

　　试验准备阶段试验人员安装 PEMS 设备、遥感检测设备和各个设备组件，发动机热机、排放分析仪预热并标定。试验开始前 PEMS 和遥测设备的控制电脑都进行时间校对。待双方都准备就绪后，试验开始，PEMS 实时检测尾气排放值，遥测设备测量被测车辆通过时的车辆速度、加速度和排气污染物排放值。试验结束后，PEMS 设备需进行漂移检查和设备的吹扫流程。

　　试验测试工况包括车辆空载、半载及满载工况，车辆速度包括恒定车速（10 km/h、20 km/h、30 km/h、40 km/h、50 km/h、70 km/h）和非恒定车速工况，检测柴油车辆通过检测点位时的污染物排放。用对应时刻的过量空气系数与该时刻遥感测试设备排气污染物相对浓度比值，利用柴油车气态排放物浓度反演计算公式（6.20）计算出排气中的 CO_2 排放值，最后依据气态排气污染物相对浓度比值关系反推出排气中 CO、NO、HC 的排放浓度。

　　2）排放试验结果分析

　　（1）国 6 轻型柴油货车排放测试结果。分别测试了国 6 轻型柴油货车在空载工况、满载工况、SCR 后处理失效和 SCR 正常运行工况下车辆

排放的 CO_2 和 NO 遥感测试结果和 PEMS 测试结果，对比如图 6.30 所示。

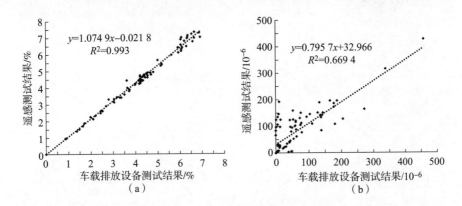

图 6.30　国 6 轻型柴油货车排放测试

（a）CO_2 测试结果对比；（b）NO 测试结果对比

（2）国 V 中型柴油货车排放测试结果。国 V 中型柴油货车在空载工况、满载工况、SCR 后处理失效和 SCR 正常运行工况下车辆排放的 CO_2 和 NO 遥感测试结果和 PEMS 测试结果对比如图 6.31 所示。

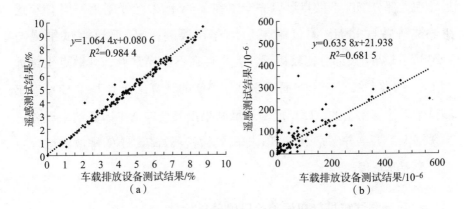

图 6.31　国 V 中型柴油货车排放测试

（a）CO_2 测试结果对比；（b）NO 测试结果对比

（3）国 Ⅵ 重型柴油货车排放测试结果。国 Ⅵ 重型柴油货车在空载工况、满载工况、SCR 后处理失效和 SCR 正常运行工况下车辆排放的 CO_2 和 NO 遥感测试结果和 PEMS 测试结果对比如图 6.32 所示。

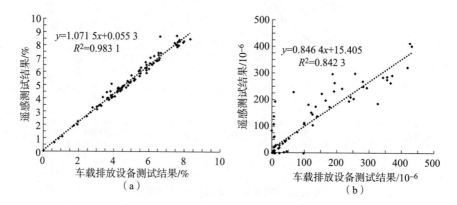

图 6.32　国 Ⅵ 重型柴油货车排放测试

（a）CO_2 测试结果对比；（b）NO 测试结果对比

依据以上数据对比散点图可见，采用过量空气系数修正的反演计算方法得出的遥感测试结果中，CO_2 遥感测试结果与 PEMS 测试结果接近，在大部分情况下散点可以完全落在 $x = y$ 的参考线附近，但 CO_2 遥感测试结果与 PEMS 测试结果仍然存在误差；NO 遥感测试结果与 PEMS 测试结果大部分比较接近，但是存在不少异常点，其散点坐标远离 $x = y$ 的参考线。这一方面原因在于 NO 的计算结果是基于 CO_2 遥感测试结果计算得出的，CO_2 反演计算结果误差会使 NO 计算结果误差进一步增大；另一方面是由于 NO 排出气体被稀释后，NO 排放物浓度更低，导致测量误差较大。

6. 遥感测试结果存在误差的原因分析

前面已经针对汽油车气态排放物遥感测试结果与常规检验方法测试结果相比产生差异的原因进行了初步分析，对于柴油车气态排放物遥感测试结果准确性也同样存在以下几个影响因素。

（1）遥感检测设备和车载排放设备本身存在测量误差，在测试原理、方法和测试灵敏度方面遥感检测设备与常规排放检测仪器相比存在差异。

（2）遥感检测设备检测的是排气排出并扩散形成烟羽中的气态成分浓度，因此测试位置、测试条件和测试时间都与常规排放检测仪器不同，不可避免地会产生差异。

（3）柴油车排放遥感测试结果的反演计算方法需要获得测试工况下柴油机燃烧过程的过量空气系数，而过量空气系数需要根据柴油车行驶工况参数确定，同时，由于柴油车行驶工况存在瞬态变化特征，因此，导致计算的过量空气系数值存在误差，或者是当前计算获得的过量空气系数已经偏离了所测烟羽对应工况的过量空气系数，因此导致测试误差。

为了研究分析柴油车行驶过程中排放和过量空气系数变化特性，对一辆国 5 轻型柴油车和一辆国 Ⅴ 重型柴油公交车进行车载排放试验，同时测量柴油机过量空气系数，试验结果表明柴油车行驶过程中排放和过量空气系数变化特性与柴油车行驶工况密切相关。

轻型柴油车实际道路行驶过程中气态排气成分排放浓度和过量空气系数变化特性，如图 6.33 所示。前 1 300 s 为轻型柴油车市区行驶工况，1 300 s 之后为市郊行驶工况。

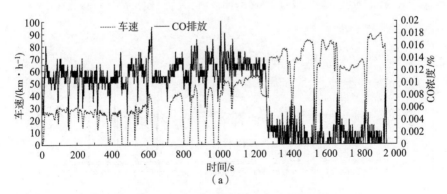

图 6.33　某国 5 轻型柴油车车载排放试验瞬态排放结果

（a）CO 排放

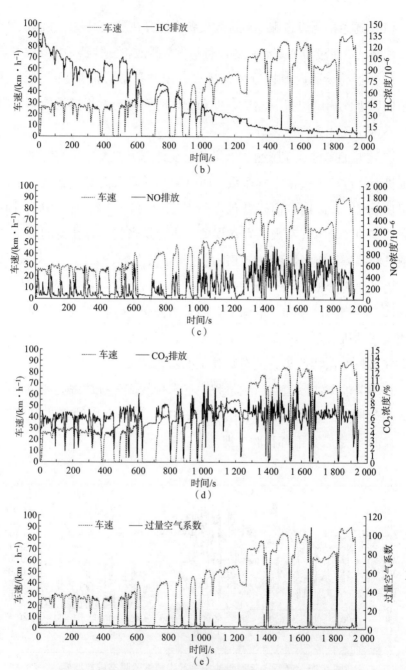

图 6.33 某国 5 轻型柴油车车载排放试验瞬态排放结果（续）

（b）HC 排放；（c）NO 排放；（d）CO_2 排放；（e）过量空气系数变化特性

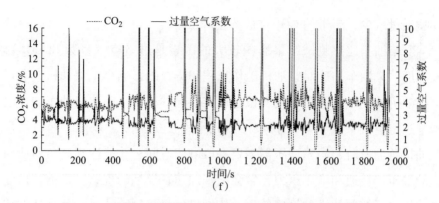

图 6.33　某国 5 轻型柴油车车载排放试验瞬态排放结果（续）

（f）过量空气系数与 CO_2 排放

由图 6.33 可见轻型柴油车瞬态排放与行驶工况密切相关，尤其受负荷影响较大。CO 是燃料不完全燃烧的产物，它的生成量主要取决于柴油机的负荷。柴油车在市区行驶时平均车速较低，柴油机负荷较小，缸内燃烧温度不高，氧化作用减弱，CO 排放较多；当柴油车在市郊行驶，车速升高、负荷增大时，由于柴油机缸内气体温度升高，氧化作用增强，CO 的排放量减少，如图 6.33（a）所示。

HC 主要产生于过稀的混合气，因此，在柴油车市区行驶时，特别是柴油机怠速或小负荷运转时的 HC 排放高，随着车速升高，柴油机负荷增大，喷油量增加，HC 排放呈下降趋势，如图 6.33（b）所示。

NO 排放受柴油机负荷的影响主要体现在温度和氧浓度两方面，随着柴油车车速提高，柴油机负荷增大，喷油量增加，燃烧温度升高，且空气量充裕，NO_x 排放浓度增大，如图 6.33（c）所示。

随着柴油车车速提高，柴油机负荷增大，喷油量增加，产生的 CO_2 排放浓度增大，如图 6.33（d）所示，而对应的过量空气系数减小，如图 6.33（e）所示。图 6.33（f）所示为 CO_2 排放与过量空气系数的对应关系，图中只截取了过量空气系数在 10 以内的值，以便更醒目地显示柴油机过量空气系数对 CO_2 排放的影响，过量空气系数增大，对应的喷油量减少，产生的 CO_2 排放浓度降低。

对柴油车遥感测试结果影响较大的因素是过量空气系数和 CO_2 排放浓度。柴油车加速对柴油机工作过程和排放的影响小于汽油机，非增压柴油机的正常加速几乎是各稳态运转工况的连续，因此柴油车加速过程中过量空气系数和 CO_2 排放浓度几乎不产生突变。以前，涡轮增压柴油机急加速时，涡轮增压器需要一段响应时间，才能达到高负荷所对应的增压器转速和增压压力，常会出现加速冒黑烟的现象。目前，由于柴油机电子控制技术的推广使用，依据进气量控制喷油量，急加速造成的增压柴油机过量空气系数突变情况已经大大改善，且由于 DPF 的采用，柴油车加速冒黑烟的现象已经基本消失。

而柴油机减速时不喷油或只喷怠速油量，尽管排放问题不大，但由于喷油停止或喷油量急速降低，过量空气系数急速增大，排气中的 CO_2 排放浓度急速降低，如图 6.33（e）所示，如果在此类工况下进行遥感测试，排放遥测结果就会出现较大偏差。因此，国家标准中规定柴油车排气污染物遥感检测结果是否达标的判断条件是柴油车加速度是否大于零。

国Ⅴ重型柴油公交车实际道路行驶的气态排放物浓度和过量空气系数变化特性如图 6.34 所示。

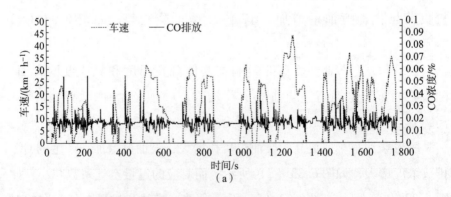

图 6.34　国Ⅴ重型柴油公交车车载排放测试结果

（a）CO 排放

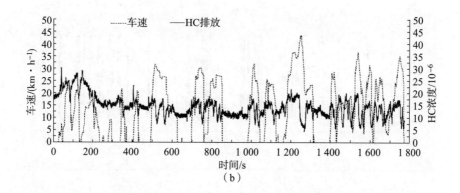

(b)

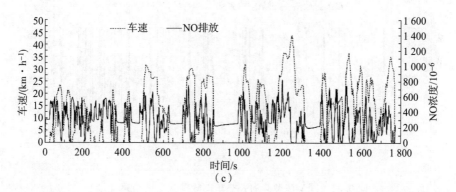

(c)

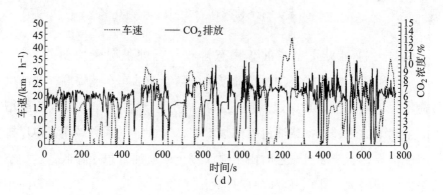

(d)

图 6.34　国 V 重型柴油公交车车载排放测试结果 （续）

（b）HC 排放；（c）NO 排放；（d）CO_2 排放

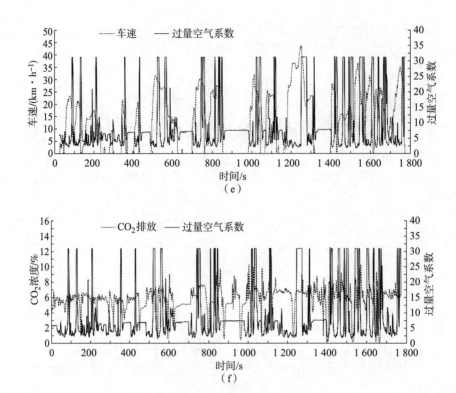

图 6.34　国Ⅴ重型柴油公交车车载排放测试结果（续）

（e）过量空气系数变化特性；（f）过量空气系数与 CO_2 排放

由图 6.34 可见重型柴油车瞬态排放与行驶工况密切相关，CO、HC、NO 和 CO_2 排放受柴油机负荷影响。随着柴油车车速提高，柴油机负荷增大，喷油量增加，过量空气系数减小，产生的 CO_2 排放浓度增大。柴油车加速过程中柴油机喷油量增加，过量空气系数减小，CO_2 排放浓度增长；而柴油机减速时由于喷油停止或喷油量急速降低，过量空气系数急剧增大，排气中的 CO_2 排放浓度急剧降低。因此，在柴油车急加速和减速工况下不适宜采用遥感测试，否则排放遥测结果就会出现较大偏差。柴油车排气污染物遥感检测的最佳条件是柴油车匀速或略带加速工况。

6.5.2　通过汽车行驶动力学模型计算柴油机过量空气系数

1. 汽车行驶动力学模型

汽车行驶动力学模型按照汽车行驶阻力的经验公式计算出滚动阻力、坡度阻力、迎风阻力和加速阻力，根据汽车的动力学方程，计算出所需的总驱动力，进而得到车轮的转速和总转矩。

汽车在行驶方向上的受力方程为

$$F_t = F_f + F_i + F_w + F_j \tag{6.35}$$

式中，F_t 为汽车驱动力，N；F_f 为滚动阻力，N；F_i 为坡度阻力，N；F_w 为空气阻力，N；F_j 为加速阻力。

滚动阻力计算式为

$$F_f = mgf\cos\alpha \tag{6.36}$$

式中，m 为整车质量，kg；g 为重力加速度，m/s^2；f 为滚动阻力系数；α 为道路坡度角，(°)。

坡度阻力可表示为

$$F_i = mg\sin\alpha \approx mgi \tag{6.37}$$

式中，i 为道路坡度，在坡度角不大的情况下，有 $\sin\alpha \approx i$。

在正常行驶条件下，空气阻力的大小与车速 v 的平方成正比，空气密度取 $1.2258\ N \cdot s^2 \cdot m^{-4}$ 时，空气阻力大小可表示为

$$F_w = \frac{C_D A\, v^2}{21.15} \tag{6.38}$$

式中，C_D 为空气阻力系数；A 为汽车迎风面积，m^2；v 为车速，km/h。

加速阻力表示为

$$F_j = \delta m \frac{\mathrm{d}v}{\mathrm{d}t} \tag{6.39}$$

式中，δ 为汽车旋转质量换算系数。

汽车的驱动力源于内燃机提供的转矩 T_t，该转矩经过传动系统传递至驱动轮，此时作用在驱动轮上的转矩 T_t 产生对地面的作用力，其反作用力即为汽车驱动力 F_t：

$$F_t = \frac{T_t i_0 i_g \eta_t}{r} \tag{6.40}$$

式中，i_0、i_g 分别为主减速器和变速器传动比；η_t 为传动系机械效率；r 为车轮半径，m。

通过上述分析，汽车的行驶动力学方程式可以改写为

$$\frac{T_t i_0 i_g \eta_t}{r} = mgf\cos\alpha + mg\sin\alpha + \frac{C_D A}{21.15}v_a^2 + \delta m \frac{dv}{dt} \tag{6.41}$$

汽车速度为

$$v = v + \frac{dv}{dt}\Delta t \tag{6.42}$$

汽车行驶里程为

$$d = d + v\Delta t \tag{6.43}$$

式中，Δt 为计算时间步长，s。

发动机转速为

$$n = \frac{v i_0 i_g}{0.377r} \tag{6.44}$$

式中，n 为发动机转速，r/min。

传动装置模型实际上就是起到一个转矩和转速传递的作用，计算出转矩和转速的变化值，这个过程中还需要计算变速器的转矩损失和变速器的惯性损失，即效率，同时需知道变速器的换挡逻辑（其换挡规律由换挡控制子模型确定）。

变速器模型中还包括离合器子模型或变矩器子模型，用以传递或断开传递的动力。离合器子模型中离合器有分离、打滑及完全接合三个状态；变矩器子模型有变矩、耦合和闭锁三个状态。

汽车的实际行驶过程是十分复杂的，不仅和道路条件有关，还取决

于驾驶员的一些习惯性的操作动作，并没有定式可循。比如在起步阶段，驾驶员踩离合器踏板时用力轻重不同，离合器的接合过程便不同；对于换挡过程同样也是如此，换挡点的选择将直接影响汽车的行驶模式。

主减速器（包括差速器）模型实际上也是起到一个转矩和转速传递的作用，计算出转矩和转速的变化值，这个过程中需要计算主减速器和差速器的转矩损失及主减速器和差速器的惯性损失，即效率。

车轮（包括半轴）模型中依据轮胎的参数计算轮胎的直径，并由已知的转速计算实际车速。驱动力在轮胎与地面的接触面产生，同时在制动控制时，为确保车辆减速时的安全性，在牵引力限制基础上的制动力数值也有上限，设定制动蹄片/垫的最大摩擦系数为 0.9。

基于稳态发动机性能脉谱，建立车辆模型，计算获得柴油车辆在测试条件下的柴油机过量空气系数，车辆模型如图 6.35 所示。

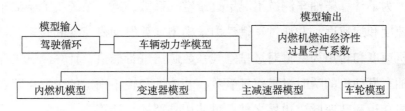

图 6.35　车辆模型

内燃机模型由制动比燃油消耗率脉谱和过量空气系数脉谱组成，以发动机转矩（或平均有效压力）和转速为变量参数。以本小节研究的轻型柴油车过量空气系数脉谱为例，发动机转速范围为 800 ~ 3 500 r/min，间隔为 300 r/min，转矩值范围为 0 ~ 300 N·m，间隔为 30 N·m，将发动机工作范围划分为网格，每个网格节点存储该工况的过量空气系数值，构成过量空气系数脉谱，以发动机转矩和转速为函数变量，如图 6.36 所示。显然，在高速或高转矩条件下，由于柴油机负载增大，燃油喷射量增加，柴油机的过量空气系数会显著降低。

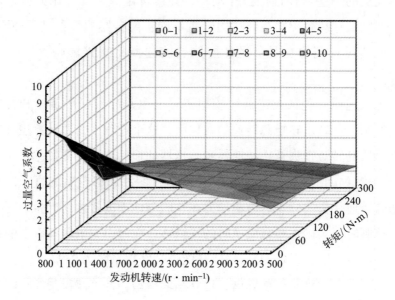

图6.36 过量空气系数脉谱

　　为了计算柴油车测试工况下过量空气系数，遥测系统检测柴油车辆的速度和加速度，并通过车辆动力学模型计算发动机速度和转矩，以发动机速度和转矩为变量对过量空气系数脉谱进行插值，计算测试工况下柴油车发动机的瞬时过量空气系数，若速度和转矩确定的工况点落在发动机转矩和转速脉谱边界之外，可使用外部插值计算。

　　过量空气系数与柴油车发动机工况具有良好的相关性，对于柴油发动机的每一工况，基本控制参数就是与车辆所需动力直接相关的燃料喷射量，在进气量变化不大的情况下，喷油量多少直接对应该工况的过量空气系数。而车辆排放受到许多因素的影响，环境条件、发动机维护状态和后处理系统性能都对车辆排放有显著影响。而过量空气系数与柴油车行驶工况关系更为密切。

　　这样，获得柴油车发动机在测试工况下的过量空气系数，并通过遥测设备测量柴油车排气烟羽中CO、HC、NO与CO_2的相对体积浓度比，就可以计算获得柴油车排气中CO_2、NO、CO和HC的排放浓度。

2. 柴油车气态排气污染物遥感测试结果

以本小节研究的轻型柴油车为例，用车辆排放遥感测试系统测量柴油机尾气中 CO、HC、NO 与 CO_2 的浓度比，并利用整车仿真模型计算得到柴油车测试工况下的柴油机过量空气系数，进一步计算得到柴油车 NO 的绝对排放浓度。

怠速条件下排气中 NO 和 CO_2 排放浓度如图 6.37 所示。NO 和 CO_2 的遥感测试结果接近于 PEMS 测试结果。NO 排放的最大偏差为 11.4%，CO_2 排放的最大偏差为 6.89%。

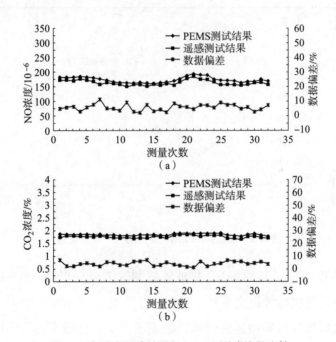

图 6.37　遥感测试结果与 PEMS 测试结果比较

（a）NO 排放测试结果对比；（b）CO_2 排放测试结果对比

为了减少空气流动和车辆尾部的涡流对遥感测试结果的影响，通过遥测设备和 PEMS 对柴油车恒定车速下的 NO 排放浓度进行了测量，测试结果如表 6.8 和图 6.38 所示。

表 6.8　遥测和 PEMS 测试的 NO 排放的比较

车速/（km·h⁻¹）	NO 浓度/10⁻⁶		偏差/%
	PEMS 测试数据	遥测数据	
10	215.8	208.9	3.21
16	178.0	164.4	7.65
20	175.5	161.6	7.90
25	294.0	278.1	5.41
32	224.2	218.5	2.55
47	213.0	203.9	4.28

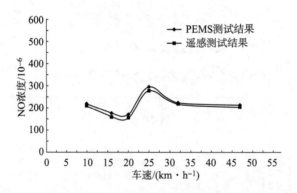

图 6.38　遥测与 PEMS 测试的 NO 排放比较

图 6.38 表明，柴油车 NO 排放遥感测试结果与 PEMS 测试结果吻合较好，并且变化趋势完全一致。

柴油车排气污染物遥感测试结果表明，本项目提出的反演计算方法是合理的，适用于柴油车排放遥感测试。遥感检测结果与 PEMS 测试结果之间存在差异的原因前面已经进行了分析，主要包括测试设备误差、人为操作误差、环境条件以及 CO_2 计算结果误差影响等。

6.5.3　柴油车过量空气系数统计规律脉谱模型建立

采用汽车行驶动力学模型计算柴油机过量空气系数需要获知被测试车辆具体参数，包括车型参数（迎风面积、风阻系数、整车质量）、轮胎参数及滚动阻力系数、各挡传动比及换挡策略、传动系统传动效率、柴油机万有特性中的过量空气系数等参数，大部分参数获取难度较大，因此建立与汽车行驶工况（速度和加速度或比功率）相关的柴油车发动机过量空气系数是比较现实的选择。

1. 柴油车发动机过量空气系数模型分类

为了较为准确地计算各类柴油车发动机过量空气系数，有必要对在用柴油车按照总重量和用途进行分类，统计分析不同柴油车车型的过量空气系数随车速、加速度（或比功率）的分布特性，用于柴油车排气污染物遥感测试结果反演计算。

由于柴油机大多应用于中重型车辆，故将微型车辆类型与小型车辆类型合并，统称为轻型车辆。本小节初步的分类方法见表 6.9，更为详细的分类方法请参见第 8 章。

表 6.9　柴油汽车分类方法

分类		规格术语	说明
柴油汽车	载客汽车	大型	车长≥6 m 或者乘坐人数≥20 人，乘坐人数可变的，以上限确定。乘坐人数包括驾驶员（下同）
		中型	车长 <6 m，乘坐人数 >9 人且 <20 人
		轻型	车长 <6 000 mm 且乘坐人数≤9 人的载客汽车
	载货汽车	重型	车长≥6 m，总质量≥12 t
		中型	车长≥6 m，总质量≥4.5 t 且 <12 t
		轻型	车长 <6 m，总质量 <4.5 t

分类		规格术语	说明
柴油汽车	低速汽车	三轮汽车	以柴油机为动力，最大设计车速≤50 km/h，总质量≤2 t 的，长≤4.6 m，宽≤1.6 m，高≤2.0 m，具有 3 个车轮的货车
		低速货车	最大设计车速＜70 km/h，总质量≤4.5 t 的，长≤6 m，宽≤2.0 m，高≤2.5 m，具有 4 个车轮的货车
	专项作业车		分为重型、中型、轻型、微型

2. 柴油车排放和发动机过量空气系数测量

本书采用的车载排放测试设备配备有 GPS 系统，根据记录的经度和纬度信息计算车辆行驶的车速和加速度，将车辆实际运行区域分解为不同工况节点，在每个工况节点处对测得的过量空气系数数据进行统计分析，得到以车速和加速度（或比功率）为参数的过量空气系数脉谱模型。

获得不同类型柴油车过量空气系数脉谱应用于柴油车尾气遥感测试设备。

1）柴油车过量空气系数试验测试方法

本书的柴油车过量空气系数研究方法和技术路线如下。

（1）按照柴油车分类，选择试验测试车型，根据各种车型市场保有量比例，估算各细分车型选择比例。

（2）设计试验路线，试验路线的选择要满足法规对市区、市郊、高速的比例构成，还要满足平均车速、加减速的要求，避免坡度、交通等因素对该路线试验结果的影响，提高一致性；同时路线的选择要根据城市或非城市车辆以及货车或客车特点予以区分。

（3）为了使结果具有代表意义和可比较性，需要测试分析各种可能工况条件，包括载荷比例、气象条件、车辆状态等。

2）柴油车尾气排放及过量空气系数测量

通过 PEMS 实时测量并记录车辆在实际道路行驶时排气中 NO_x、CO、THC、CO_2 等组分的体积浓度、颗粒物数量以及排气流量。车辆行驶过程中的地理信息、环境参数、发动机实时工作信息等相关动态参数可以通过 GPS 模块、温湿度仪和车辆 OBD 接口获取，以便于后期数据处理等工作。

3. 基于速度－加速度的柴油车过量空气系数脉谱模型建立

依据车辆行驶的车速和加速度变化范围，将车辆实际运行区域分解为不同工况节点，在每个工况节点处对测得的过量空气系数数据进行统计分析，得到以车速和加速度为参数的过量空气系数脉谱，如图 6.39 所示，作为试验柴油车过量空气系数脉谱应用于尾气遥感测试设备。通常该类轻型车辆车速在 0～120 km/h 之间，而加速度值一般在 −1.5～3.7 m/s^2 的范围内。图 6.40 所示为不同车速、加速度条件下重型柴油公交车发动机过量空气系数脉谱。由于柴油车减速时可能实施断油控制策略，因此柴油车排放遥感测试条件为车辆加速度大于等于零，本书中的柴油车过量空气系数脉谱取加速度大于 0 的工况。由图 6.39 和图 6.40 可见，在柴油车加速度较大或速度较高的工况区域，由于柴油机负荷增大，喷油量增加，过量空气系数下降趋势明显。

柴油车排放遥感测试结果反演计算步骤如下。

（1）柴油车排放遥感测试设备检测柴油车的速度和加速度，主控计算机以柴油车的速度和加速度作为二维参数，通过对柴油车发动机过量空气系数脉谱插值计算得到柴油车当前行驶工况下的过量空气系数 α。

（2）柴油车排放遥感测试设备检测柴油车排气烟羽中 CO、HC、NO 与 CO_2 的浓度比值，依据排气烟羽中 CO、HC、NO 与 CO_2 的浓度比值和当前行驶工况的过量空气系数计算出柴油车排气中 CO_2、NO、

CO 及 HC 的绝对浓度，实现对柴油车排气中 NO 等气态排放物的实时测量。

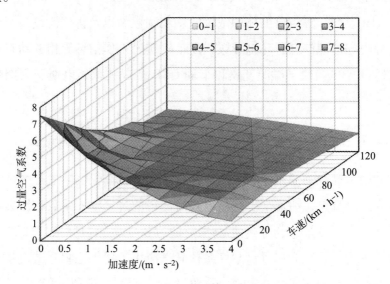

图 6.39　不同车速、加速度条件下轻型柴油车发动机过量空气系数脉谱

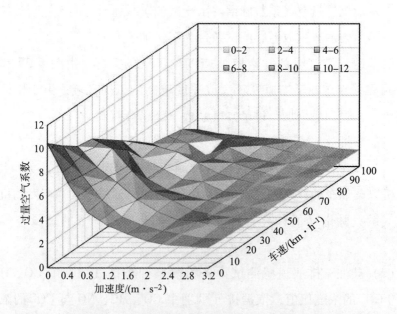

图 6.40　不同车速、加速度条件下重型柴油公交车发动机过量空气系数脉谱

4. 柴油车发动机过量空气系数脉谱影响因素分析

通过前面分析可知柴油车发动机过量空气系数受柴油车行驶工况影响较大，尤其是加速和减速过程中由于柴油机喷油策略和喷油量的变化导致过量空气系数突变，此处不再赘述。本小节主要研究分析稳态工况下影响柴油车发动机燃油经济性、排放和过量空气系数的环境因素和负荷因素，主要针对柴油车实际行驶条件下对排放影响较显著的参数，包括车辆载荷、环境温度和车辆行驶里程进行研究分析，通过 PEMS 试验获得车辆载荷、温度和里程等关键影响因素对柴油车燃油经济性和排放影响规律，通过分析燃油消耗量变化反映过量空气系数变化。

1）载荷影响

为了研究车辆载荷对柴油车排放的影响，分别对 2 辆国Ⅲ柴油车、2 辆国Ⅳ柴油车、3 辆国 V 柴油车和 3 辆国Ⅵ柴油车进行车载排放测试。每辆柴油车在不同载荷下进行 PEMS 试验，得到排放因子随着载荷比例变化的曲线。表 6.10 为试验车辆参数。

表 6.10　试验车辆参数

序号	排放水平	车辆类型	试验方法	整备质量/kg	满载质量/kg	后处理形式
1	国Ⅲ	中型货车	实际道路	2 700	4 390	无
2	国Ⅲ	中型货车	实际道路	4 310	8 500	无
3	国Ⅳ	重型货车	整车转毂	13 560	31 000	SCR
4	国Ⅳ	轻型货车	整车转毂	2 350	4 470	DOC + POC
5	国 V	重型货车	整车转毂	13 560	31 000	DOC + SCR
6	国 V	轻型货车	整车转毂	2 350	4 470	DOC + SCR
7	国 V	中型货车	整车转毂	4 270	8 210	DOC + SCR
8	国Ⅵ	重型货车	整车转毂	5 350	18 000	DOC + DPF + SCR + ASC
9	国Ⅵ	重型货车	实际道路	9 000	24 500	DOC + DPF + SCR + ASC
10	国Ⅵ	轻型货车	实际道路	2 560	4 495	DOC + DPF + SCR + ASC

为了分析统计规律，以 50% 载荷工况的排放因子数据作为基准值，分别计算其他载荷比例时排放因子数值与基准值之间的比值，得到排放因子随载荷的变化趋势。图 6.41 给出了所有试验车辆在不同载荷下的 CO、NO_x 和 CO_2 排放变化趋势。

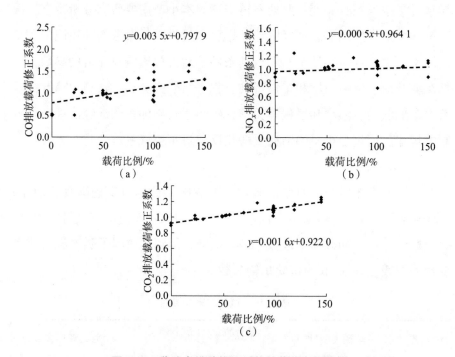

图 6.41 柴油车排放修正系数随载荷变化趋势

（a）CO 排放修正系数随载荷变化趋势；（b）NO_x 排放修正系数随载荷变化趋势；

（c）CO_2 排放修正系数随载荷变化趋势

从图 6.41 中可以看出，随着车辆载荷增加，CO、NO_x 和 CO_2 排放有增加趋势，其中 CO_2 排放与载荷相关性最好，而 CO 排放的相关性较差。分别对 CO、NO_x 和 CO_2 排放的载荷修正系数进行线性拟合，得到载荷修正系数的拟合公式如下所示：

$$NO_x \text{ 排放载荷修正系数} = 0.000\,5 \times \text{载荷比例} \times 100 + 0.964\,1$$

$$(6.45)$$

$$CO \text{ 排放载荷修正系数} = 0.003\ 5 \times \text{载荷比例} \times 100 + 0.797\ 9$$

$$(6.46)$$

$$CO_2 \text{ 排放载荷修正系数} = 0.001\ 6 \times \text{载荷比例} \times 100 + 0.922\ 0$$

$$(6.47)$$

以上分析表明，载荷对车辆排放有显著影响。CO_2 排放随载荷增大而增大，说明车辆载荷增加使车辆总质量增加，相应地滚动阻力增大，导致行驶阻力增大，车辆喷油量增加，则过量空气系数减小，因此，车辆载荷对发动机各工况的过量空气系数有显著影响。为了考虑载荷对车辆排放和过量空气系数的影响，可采用车辆行驶动力学模型计算车辆行驶阻力，再计算发动机转矩，并将车速转换为发动机速度，使用发动机转矩和速度作为变量计算确定过量空气系数。

2）温度影响

为了考察环境温度条件对整车尾气排放的影响，在整车转毂试验台上对 4 辆柴油车分别进行了 <10 ℃、10～20 ℃、20～30 ℃ 和 >30 ℃ 四个温度范围区间的排放试验，试验车辆参数见表 6.11。

表 6.11　试验车辆参数（温度修正系数）

排放水平	车辆类型	试验方法	整备质量/kg	满载质量/kg	后处理形式
国Ⅲ	中型货车	整车转毂	4 310	8 005	无
国Ⅳ	轻型货车	整车转毂	2 350	4 470	DOC + POC
国Ⅴ	中型货车	整车转毂	4 270	8 210	SCR
国Ⅵ	重型货车	实际道路	9 000	24 500	DOC + DPF + SCR + ASC

为了统计分析温度对排放的影响规律，以 20～30 ℃ 温度区间的排放因子数值作为基准值，分别计算其他温度范围区间的排放因子数值与基准值之间的比值，得到环境温度修正系数。图 6.42 所示为试验车辆在测试温度范围区间的 CO、NO_x 和 CO_2 排放修正系数随环境温度的变化特性。从图 6.42 中可以看出，CO_2 排放的环境温度修正系数基本不

随环境温度的变化而改变，CO 和 NO$_x$ 排放的环境温度修正系数整体上都随着环境温度的增加先增加再降低。环境温度对 CO$_2$ 排放没有显著影响，因此，在建立不同车型过量空气系数脉谱模型时，环境温度不必作为主要的影响参数。

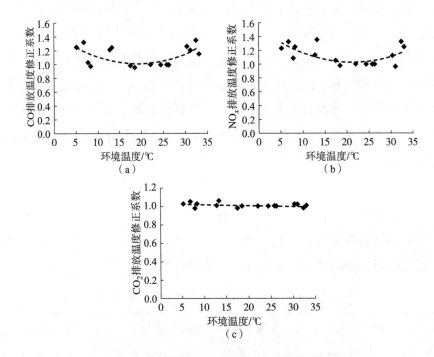

图 6.42 柴油车排放修正系数随环境温度变化趋势

（a）CO 排放修正系数随环境温度变化趋势；（b）NO$_x$ 排放修正系数随环境温度变化趋势；

（c）CO$_2$ 排放修正系数随环境温度变化趋势

3）车辆行驶里程影响

为了评价柴油车在实际使用中随里程的排放劣化程度，对两辆国 V 排放阶段的车辆进行了跟踪试验，分别在不同的里程进行了 PEMS 试验，测试车辆排放随里程的变化特性。试验车辆参数见表 6.12。

表 6.12　试验车辆参数（里程劣化修正系数）

车辆编号	车辆类型	试验方法	整备质量/kg	满载质量/kg	后处理形式
国 V（1#）	中型货车	实际道路	4 990	8 280	DOC + SCR
国 V（2#）	中型货车	实际道路	4 280	8 210	DOC + SCR

表 6.13 和表 6.14 分别给出了两台国 V 试验车 1# 和 2# 的 CO、NO_x 和 CO_2 排放因子随车辆行驶里程的变化规律。由测试结果可得，随着行驶里程的变化，发动机零部件和后处理器老化，CO、NO_x 和 CO_2 排放大致呈现上升的趋势。采用最小二乘法拟合得到 CO、NO_x 和 CO_2 的里程劣化修正系数。

表 6.13　车辆 1# 的里程劣化修正系数计算结果

运行时间/h	里程/km	排放因子/（g·km^{-1}）		
		CO_2	CO	NO_x
	42 175	483.741 6	0.419 7	1.588 3
	113 528	495.135 3	0.482 1	1.615 2
	172 970	488.238 2	0.463 1	1.837 4
拟合方程		$y = ax + b$		
a		3.85E − 05	3.498 43E − 07	1.853 95E − 06
b		484.818 4	0.416 653 659	1.477 188 643
m_0	0	484.818 4	0.416 7	1.477 2
m_1	200 000	492.522 0	0.486 6	1.848 0
推荐值			1.1	1.05
劣化修正系数 DF		1.015 9	1.167 9	1.251 0

表 6.14   车辆 2#的里程劣化修正系数计算结果

运行时间/h	里程/km	排放因子/（g·km^{-1}）		
		CO_2	CO	NO_x
	5 620	442.28	442.28	0.294
	50 380	446.89	446.89	0.337
	103 525	444.20	444.20	0.357
	149 627	443.31	443.31	0.349
拟合方程		$y = ax + b$		
a		0.961	1.85E − 02	5.22E − 02
b		442.53	0.288	1.049
m_0	0	442.53	0.288	0.288
m_1	200 000	447.34	0.358	0.358
推荐值			1.1	1.05
劣化修正系数 DF		1.01	1.24	1.25

从表 6.13 和表 6.14 中数据计算两辆车辆的平均值，得到 NO_x 排放里程劣化修正系数 $DF_{NO_x} = 1.249\ 7$，CO 排放里程劣化修正系数 $DF_{CO} = 1.205\ 3$，CO_2 排放里程劣化修正系数 $DF_{CO_2} = 1.013\ 4$。可以看出 CO_2 排放里程劣化程度很小，在一定程度上表明柴油机的喷油和燃烧状况随续驶里程的耐久性很好，因此柴油机空燃比的控制策略随行驶里程变化不大，即柴油车后处理系统劣化对过量空气系数计算结果影响较小。

5. 基于速度－比功率的柴油车过量空气系数脉谱模型建立

采用速度和加速度矩阵脉谱模型是最早的微观排放模型采用的一种方法。矩阵的行和列分别代表速度和加速度，而速度和加速度对应的矩阵节点值就是排放值，这种矩阵模型的建立需要以大量的数据为基础。该方法的不足之处在于无法纳入道路坡度等因素的影响。而使用 VSP 作为行驶状态参数的优势在于 VSP 综合考虑了加速度、坡度、使用空调等对排放有影响的因素，其代表性优于其他参数，VSP 也是目前的国内外汽车排放模型参数中常用参数之一。另外，VSP 在汽车排放遥感监测方面还应用于排放稳定区间的判断，用于对遥测数据的有效性进行筛选。

美国环境保护局在 MOVES（motor vehicle emission simulator）模型中给出的针对重型车的比功率简化计算式，在重型车 VSP 计算公式中体现了汽车质量影响。重型车比功率计算公式如下：

$$\text{VSP} = \frac{1}{f_{\text{scale}}} \left[mv \ (a + g \cdot \sin \theta) \ + Av + B v^2 + C v^3 \right] \qquad (6.48)$$

式中，VSP 为重型车比功率，$\text{kW} \cdot \text{t}^{-1}$；$f_{\text{scale}}$ 为固定质量因子，t；v 为瞬时车速，$\text{m} \cdot \text{s}^{-1}$；$m$ 为汽车质量，t；a 为瞬时车辆加速度，$\text{m} \cdot \text{s}^{-2}$；$g$ 为重力加速度，取 $9.8 \ \text{m} \cdot \text{s}^{-2}$；$\sin \theta$ 为道路坡度；A 为滚动阻力系数，$\text{kW} \cdot \text{s} \cdot \text{m}^{-1}$；$B$ 为转动阻力系数，$\text{kW} \cdot \text{s}^2 \cdot \text{m}^{-2}$；$C$ 为空气动力学阻力系数，$\text{kW} \cdot \text{s}^3 \cdot \text{m}^{-3}$。

EPA 针对不同的车型给出了车型编号（SourceID），其中，重型车所对应的车型编号包含了 41、42、43、51、52、53、54、61、62。EPA 还针对每个车型编号给出了不同的 A、B、C、f_{scale} 和总车重 m 赋值。表 6.15 所示为 EPA 中针对每个车型编号给出的 A、B、C、f_{scale} 和 m 赋值。

表 6.15　EPA 中针对每个车型编号给出的 A、B、C、f_{scale} 和 m 赋值

车型编号	起始年份	结束年份	A/（$\text{kW} \cdot \text{s} \cdot \text{m}^{-1}$）	B/（$\text{kW} \cdot \text{s}^2 \cdot \text{m}^{-2}$）	C/（$\text{kW} \cdot \text{s}^3 \cdot \text{m}^{-3}$）	m/t	f_{scale}/t
11	1960	2050	0.025 1	0	0.000 3	0.285 0	0.285 0
21	1960	2050	0.156 5	0.002 0	0.000 5	1.478 8	1.478 8
31	1960	2050	0.221 1	0.002 8	0.000 7	1.866 9	1.866 9
32	1960	2050	0.235 0	0.003 0	0.000 7	2.059 8	2.059 8
41	1960	2013	1.295 2	0	0.003 7	19.593 7	17.1
41	2014	2050	1.230 4	0	0.003 7	19.593 7	17.1

车型编号	起始年份	结束年份	$A/$ (kW·s·m^{-1})	$B/$ (kW·s^2·m^{-2})	$C/$ (kW·s^3·m^{-3})	m/t	f_{scale}/t
42	1960	2013	1.094 4	0	0.003 6	16.556 0	17.1
42	2014	2050	1.039 7	0	0.003 6	16.556 0	17.1
43	1960	2013	0.746 7	0	0.002 2	9.069 9	17.1
43	2014	2050	0.709 4	0	0.002 2	9.069 9	17.1
51	1960	2013	1.583 5	0	0.003 6	23.113 5	17.1
51	2014	2050	1.504 3	0	0.003 6	23.113 5	17.1
52	1960	2013	0.627 9	0	0.001 6	8.539 0	17.1
52	2014	2050	0.596 5	0	0.001 6	8.539 0	17.1
53	1960	2013	0.557 3	0	0.001 5	6.984 5	17.1
53	2014	2050	0.529 4	0	0.001 5	6.984 5	17.1
54	1960	2013	0.689 9	0	0.002 1	7.525 7	17.1
54	2014	2050	0.655 4	0	0.002 1	7.525 7	17.1
61	1960	2013	1.538 2	0	0.004 0	22.974 5	17.1
61	2014	2050	1.430 5	0	0.003 8	22.828 9	17.1
62	1960	2013	1.630 4	0	0.004 2	24.601 0	17.1
62	2014	2050	1.473 9	0	0.003 7	24.419 6	17.1

从表 6.15 可以看到，重型车 41、42、43、51、52、53、54、61、62 的起始年份各有 1960 年和 2014 年两组，为了贴近实际情况，所有车型均选择起始年份为 2014 年。可以看出，所有车型 B 的取值均为 0，f_{scale} 的取值均为 17.1，A、C、m 的取值各不相同。需要说明的是 EPA 中关于重型车的分类和国内重型车分类并不相同，难以依据国内重型车分类在表 6.15 中找到对应的取值。若按照 EPA 的分类去进行每辆重型车 A、C、m 的查表取值，则进行计算之前需要先将每一辆车按照 EPA 分类进行转换，这为计算带来很多不便，为简化模型，本书将国内重型车按实际总车重分为 [3.5, 8]、[8, 13]、[13, 18]、[18, 24]、

[24, +∞] 五个区间（单位：t），计算时，确定 PEMS 试验中实际总车重位于上述哪个区间，取该区间的中值赋值给 m。同时，分别考察表 6.15 中 A、C 与 m 之间的关系，将 41、42、43、51、52、53、54、61、62 共 9 类的车型的 A 与 m、C 与 m 分别利用最小二乘法进行线性拟合，根据得到的 A 关于 m 和 C 关于 m 线性拟合式，将五个总车重区间的区间中值分别代入拟合式求得五组对应的 A 和 C 值。道路的坡度在实际测量中难以获得，为了简化计算，将坡度 $\sin \theta$ 取为 0。

根据上述对 VSP 计算式中各参数取值的说明，表 6.16 列出了五个总车重区间内的 VSP 计算式各系数值。实际计算中，只需要根据实际总车重位于哪个总车重区间，即可根据表 6.16 得到 VSP 计算式各系数值。

表 6.16 不同车重区间的 VSP 计算式各系数取值

总车重下限/t	总车重上限/t	m/t	A/ (kW·s·m^{-1})	B/ (kW·s^2·m^{-2})	C/ (kW·s^3·m^{-3})	f_{scale}/t
3.5	8	5.75	0.493 8	0	0.001 475	17.1
8	13	10.50	0.752 2	0	0.001 95	17.1
13	18	15.50	1.024 2	0	0.002 45	17.1
18	24	21.00	1.323 4	0	0.003 00	17.1
24	+∞	24.00	1.486 6	0	0.003 30	17.1

基于 PEMS 测得的大量车辆排放数据，进行统计分析，建立以柴油车的速度和比功率 VSP 为参数的过量空气系数脉谱模型，图 6.43 所示为某重型柴油车发动机的过量空气系数矩阵脉谱。

这样通过遥感测试设备测量柴油车的车速和加速度，计算柴油车的比功率，以车速和比功率为参数对过量空气系数脉谱进行插值计算，求出车辆被测工况下柴油机的过量空气系数，配合遥感测试设备测得的柴油车排气烟羽中 CO、HC 和 NO 与 CO_2 的相对体积浓度比值，即可反演计算柴油车 NO 等气态排放物的绝对浓度。

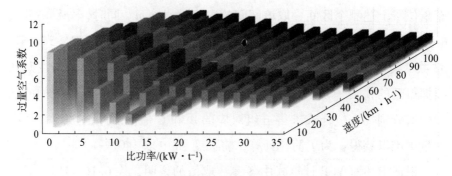

图 6.43 某重型柴油车发动机的过量空气系数矩阵脉谱

6.6 本章小结

本章研究分析了柴油车气态排气污染物遥感检测方法，包括气态排气污染物和 CO_2 的浓度比检测、单位质量燃油消耗量的气态排气污染物排放质量检测、单位行驶里程或单位功率的气态排气污染物排放质量检测；研究了柴油车气态排气污染物绝对浓度反演计算方法，并通过柴油车气态排气污染物绝对浓度反演计算结果与 PEMS 检测结果对比验证了柴油车气态排气污染物绝对浓度反演计算方法；阐述分析了柴油车发动机过量空气系数的计算方法，最后研究分析了柴油车发动机过量空气系数统计规律脉谱模型的建立方法及影响因素。

第 7 章

柴油车排气烟度遥感检测

柴油车排出的颗粒比汽油车多得多，其中碳烟颗粒排放比汽油车高出 30～80 倍，鉴于碳烟颗粒对环境和人体健康造成的危害严重，颗粒排放已经成为当今柴油机与汽油机竞争的一大劣势。柴油机的排气颗粒成分复杂，它是一种类石墨形式的含碳物质并凝聚和吸收了相当数量的高分子有机物。

7.1 柴油车颗粒和烟度排放特性

图 7.1 和图 7.2 所示分别为某国 I 柴油机 PM 比排放量特性和排气烟度不透光度线性分度特性。碳烟生成的条件是高温和缺氧，尽管柴油机缸内燃烧总体是富氧燃烧，但由于柴油机混合气形成不均匀，局部缺氧会导致碳烟的生成。从图 7.2 可见柴油机的排气烟度由低速小负荷向高速大负荷增加，在接近最大功率时增加加快，PM 比排放量在小负荷和高速大负荷时较高。该柴油机微粒排放在高速大负荷时较高，其中碳烟排放占了很大比重，小负荷时微粒排放中主要是有机可溶成分。

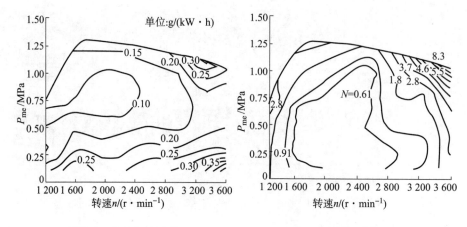

图 7.1　柴油机 PM 比
排放量特性

图 7.2　柴油机排气烟度
不透光度线性分度特性

　　排气烟度不透光度计对于排气中的有机可溶成分也有检出作用，因此一定程度上可反映微粒的排放水平。该柴油机的烟度不透光度线性分度 N 在很大工况范围内在 1 以下，在接近最大功率附近也只有 10 左右（满量程为 100），烟度是比较小的。柴油机排气烟度不透光度与 PM 比排放浓度之间有一定的相关性。

　　从排气烟度值看，该柴油机微粒排放在高速大负荷时较高，其中干碳烟（dry soot，DS）排放占了很大比重，由于大负荷工况下缸内局部高温缺氧造成碳烟生成量增加，而高速条件下后燃增加，也促进了碳烟排放增加；小负荷时微粒排放中有机可溶成分增加，由于小负荷工况下混合气过稀区域增加，且燃烧温度较低，柴油中高分子的 HC 排放增加，而小负荷工况下干碳烟排放占比较少。

7.2　柴油车排气烟度遥感检测设备

　　由于柴油机排气微粒的生成是以碳烟粒子为核心，虽然表面凝聚着有机可溶成分，但在中等负荷以上碳烟占的比例较大，SOF 比例较小。所以，主要表征碳烟浓度的排气烟度测量长期以来一直得到广泛的应用。目前测量柴油机排气烟度普遍采用不透光烟度计，比较典型的不透光烟度计有美国国家环保局推荐的 PHS（全流透光式）烟度计、英国哈特里（Hartridge）和奥地利 AVL 等分流式不透光烟度计。不透光烟度计也可称为不透光度仪，它不仅可以测黑烟，而且可以测蓝烟和白烟，对低浓度的可见污染物有较高的分辨率，可以进行连续测量，用来测量柴油机排气的瞬态烟度。

柴油机排气烟度的遥感测试方法基于不透光烟度计的基本原理，采用光电传感器光路，一侧发射光束，另一侧分别接收这些光束。光源采用调制方式工作，可以有效避免环境光对测量的影响，光束范围覆盖了绝大多数的机动车排气管高度，可以得到驶过的机动车排气烟度的一个垂直断面分布指标的测量结果，透光度分为 100 级，测量精度较高，结构图和实物图如图 7.3 和图 7.4 所示。

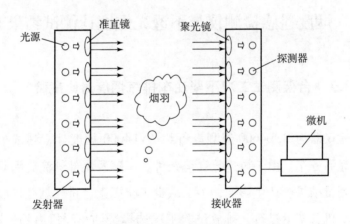

图 7.3　排气烟度遥感测试仪结构简图

从发射器的光源发出的光经过准直镜照射到接收器，由接收器中的聚光镜汇聚到探测器上，探测器得到随光强变化的信号送到微机。当烟尘遮挡发射器和接收器之间的光路时，给出一个沿垂直方向分布的光强

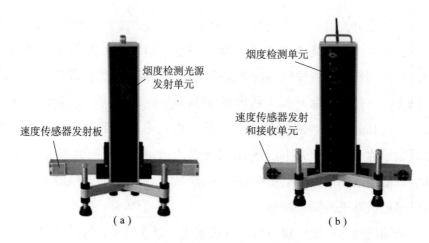

图7.4　机动车排气烟度遥测仪

（a）检测光发射单元；（b）检测光接收单元

衰减信号，数据采集电路将此信号送给微机，由软件计算出烟度的各项指标结果。

7.3　烟度遥感检测仪与不透光烟度计测试结果对比

7.3.1　台架测试工况下柴油车排气烟度对比试验

试验仪器为 RSD4600 遥测设备和 AVL4000 烟度计，测试车辆为福田蒙派克商务车。由于风速等环境条件、车速及尾部气流旋涡对车辆排放遥感测量结果会产生影响，为了减少干扰因素，排气烟度排放测试在底盘测功机台架上进行，排放试验工况选择柴油车暖机后的恒速工况，这样可以消除由于车辆行进产生的空气流动和尾部旋涡造成的扰动；另外，AVL4000 烟度计可连续测试记录烟度，而 RSD4600 遥测设备为触发测试，为了使遥测设备与 AVL4000 烟度计检测时刻同步，选择人工连续多次触发方式，以降低设备测试时间不同步产生的误差，提高试验数据对比结果的可信度。

试验结果证明烟度遥测设备与 AVL4000 烟度计所测烟度值具有良好的相关性，如图 7.5 所示。

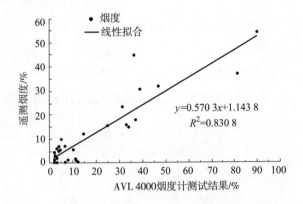

图 7.5　遥测设备与 AVL4000 烟度计所测烟度比对结果

排气烟度较小时，遥测设备所测得的烟度和 AVL4000 烟度计所测烟度偏差较大，而随着排气烟度增大，线性相关性增大，其线性方程为 $y = 0.570\ 3x + 1.143\ 8$，R^2 值达到 0.830 8。

7.3.2　自由加速烟度对比试验

在发动机怠速工况下，在 1 s 内将油门踏板快速但不猛烈、连续地完全踩到底，使供油系统在最短时间内供给最大油量。在松开油门踏板前，发动机必须达到断油点转速。根据国标 GB 3847—2005《车用压燃式发动机和压燃式发动机汽车排气烟度排放限值及测量方法》的规定，对于 2001 年 10 月 1 日前生产的在用汽车进行自由加速试验，应采用滤纸烟度法，而对于 2001 年 10 月 1 日后生产的在用汽车进行自由加速试验，应采用不透光烟度法。对共计 500 辆柴油车进行自由加速试验，样本情况见表 7.1。

表 7.1　柴油车法规测试结果分析

柴油车	数量	超标	百分数/%	达标	百分数/%
2001 年 10 月 1 日之前	228	121	53.1	107	46.9
2001 年 10 月 1 日之后	272	142	52.2	130	47.8
合计	500	263	52.6	237	47.4

将遥测法和自由加速烟度法的结果进行对比，如图 7.6 及图 7.7 所示。

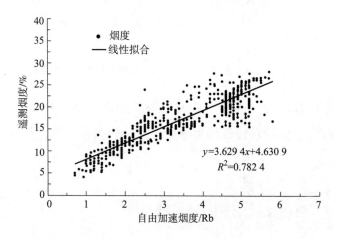

图 7.6　2001 年 10 月 1 日之前生产的柴油车的测量结果对比

由图 7.6 可以看出自由加速法测量的烟度与遥感检测数据间存在一定的线性关系，随着自由加速法测量的烟度增大，遥感检测数据也相应变大。数值变大，数据呈发散趋势；自由加速法测量的烟度与遥感检测数据具有较好的相关性，相关系数 R^2 达 0.78，属中等相关。

由图 7.7 可见，自由加速法测量的烟度不透光度与遥感检测结果存在一定的线性关系，相关系数为 0.777，与前面利用滤纸烟度法测量的相关性基本一致。

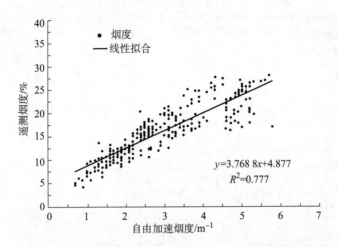

图 7.7　2001 年 10 月 1 日之后生产的柴油车测量结果对比

7.4　北京市柴油车排气烟度遥测推荐限值分析

北京市对国 II 以前（包括国 II 标准）的柴油车执行 40% ~ 50% 的加载减速烟度限值，国 III 车辆执行 29% 的限值，根据比对试验的相关结果，由于排气烟羽的扩散效果，遥感的测量结果是排气管测量结果的 50% 左右，对应的烟度不透光度限值分别是 25% 和 15% 左右。考虑到车辆在实际道路上的排放一般不会高于加载减速和自由加速烟度的测量结果，北京市遥测烟度限值初步确定为 25% 和 15%。

通过对柴油车实际道路烟度排放测试，共测量了 14 857 辆柴油车的烟度不透光度数据，分别针对平均烟度不透光度和最大烟度不透光度进行了区间统计，如表 7.2 及图 7.8 ~ 图 7.11 所示。

表 7.2　平均烟度不透光度分布及车辆所占比例

烟度不透光度区间	平均烟度不透光度		最大烟度不透光度	
	车辆数	所占比例/%	车辆数	所占比例/%
0 ~ 5	13 694	92.2	11 678	78.6
5 ~ 10	717	4.8	1 873	12.6
10 ~ 15	175	1.2	422	2.8
≥15	271	1.8	884	6.0
≥25	107	0.7	474	3.2

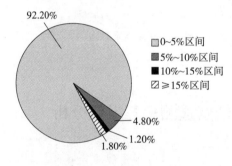

图 7.8　平均烟度不透光度
各区间车辆所占比例

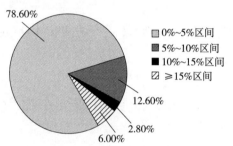

图 7.9　最大烟度不透光度
各区间车辆所占比例

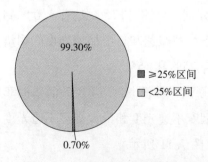

图 7.10　平均烟度不透光度在
25% 以上车辆分布

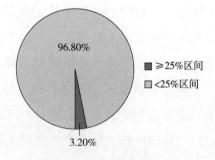

图 7.11　最大烟度不透光度在
25% 以上车辆分布

　　从图 7.8 和图 7.9 可以看出平均烟度不透光度在 15% 以上的车辆所占的比例只有不到 2%，而平均烟度不透光度在 0~5% 之间的车辆数占到 92% 以上，大部分车辆的平均烟度不透光度测量值处于这个区间。相比于平均烟度不透光度，最大烟度不透光度各区间车辆比例有所不同，从图 7.9 中可以看出最大烟度不透光度在 15% 以上的车辆所占比例不到 6%，较平均烟度不透光度区间增大。而最大烟度不透光度在 0~5% 之间的车辆数占 78% 以上，大部分车辆的最大烟度不透光度值处于这个区间。从以上分析中可以看出，将 2005 年 12 月 30 日之后车辆烟度不透光度限值设为 15% 比较合理，在这个区间的车辆占车辆总数比例不到 6%。

　　从图 7.10 和图 7.11 可以看出平均烟度不透光度在 25% 以上的车辆所占比例仅为 0.7%，最大烟度不透光度在 25% 以上的车辆所占比例仅为 3.2%，故将 2005 年 12 月 29 日以前的车辆烟度不透光度限值设为 25% 比较合理。北京市柴油车遥测烟度推荐限值见表 7.3。

表 7.3　北京市柴油车遥测烟度推荐限值

车辆登记日期	烟度不透光度限值/10^{-2}
2005 年 12 月 29 日前	25
2005 年 12 月 30 日后	15

　　在汽油车排放遥测标准中，对测试工况的数据有效性的 VSP 范围作出了规定。而对于柴油车推荐只采用加速度即可，当加速度大于等于 0 时，则检测数据有效，否则检测结果无效。之所以没有采用 VSP 而直接采用加速度，主要原因是柴油车在减速过程中的烟度一般很小，较大的烟度通常出现在加速过程或者满负荷过程中，因此利用加速度判断比较直接，并且加速度的测量技术比较成熟。

7.5 国家标准中柴油车排气烟度遥测限值分析

柴油车烟度不透光度的标准限值根据我国在用车排放标准、遥感检测实际测试结果以及各地限值确定。

基于实际遥感检测，对 32 486 次柴油车的最大烟度不透光度检测数据进行了区间分布统计，如图 7.12 所示。由图 7.12 可知，大部分柴油车的最大烟度不透光度值区间为 0～5%，占检测车辆总数 78.6%；最大烟度不透光度值≥30% 的柴油车占检测车辆总数的 2.0%。因此本标准参考各地制定的标准限值，将柴油车烟度不透光度一般限值定为 30%，与大部分地区的标准限值相同。特别限值确定为 15%，略严于《确定压燃式发动机在用汽车加载减速法排气烟度排放限值的原则和方法》标准中的国Ⅱ车辆排放限值。

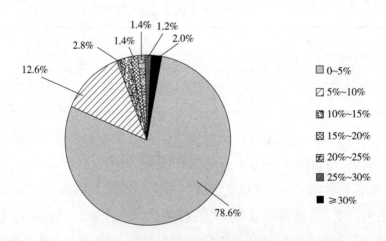

图 7.12 柴油车烟度不透光度值区间分布

另外，研究表明，由于排气烟羽的扩散效果，基于遥感检测的测量结果约为基于加载减速法测量结果的 50%。本标准中拟定的 30% 烟度不透光度一般限值标准对应的加载减速法烟度限值为 60%。15% 烟度不透光度标准作为特别限值，相当于加载减速法烟度限值为 30%。

7.6 本章小结

本章首先研究分析了柴油机不同工况的颗粒和排气烟度特性，并在底盘测功机上对轻型柴油车等速工况下的排气烟度进行了遥感测试和烟度不透光度测试，试验结果表明遥感测试结果和烟度不透光度测试结果具有较好的相关性。其次根据 GB 3847—2005 进行自由加速烟度测试，测试了 500 台柴油车，遥测法测量结果与法规规定的烟度测量结果具有较好线性相关性。最后，依据北京市和全国柴油车遥测烟度数据，对排气烟度遥感测试限值进行了分析。

第8章

基于遥测大数据的汽车排气污染物监测方法

　　自 2000 年开始，我国国内研究机构相继开展汽车排气污染物遥感检测技术研究。同时，遥感检测技术已被生态环境保护部门应用于在用车排放监管。截至 2019 年底，全国已完成遥感监测系统建设 2 671 台/套，依据中国遥感检测网络规划，全国有 350 余个地市，每个地市需要至少 10 台遥感检测设备，全国范围汽车排放遥感测试设备将达到 3 500 套以上，机动车尾气遥感监测数据将会爆发式增长。据各地报送结果，2019 年各地遥感监测累计 35 908.4 万辆次，发现超标车 1 089.79 万辆次，筛查出高排放车辆比例为 3.03%，遥感检测技术在机动车排放监管方面发挥了积极作用。

　　目前，汽车排放遥感检测还不能实现精细化和科学化监管，仅仅在车辆行驶的某一段工况范围内利用遥感检测结果判定车辆排放状况。例如，美国基于车辆排放测试，发现轻型汽油车行驶工况满足 $0 \leqslant VSP \leqslant 20 \ kW \cdot t^{-1}$ 时，CO 的排放浓度相对稳定，而当 $VSP > 20 \ kW \cdot t^{-1}$ 时，CO 和 HC 的浓度都极易出现异常高值，因此，美国国家环保局推荐 VSP 范围 $0 \sim 20 \ kW \cdot t^{-1}$ 作为轻型车排放遥测结果有效性的判断区间，VSP 超出这个范围的遥测数据则不用于后续的评价；我国北京市将 VSP 的 $3 \sim 22\ kW \cdot t^{-1}$ 区间作为遥测结果有效性的判断区间，河北省将 VSP 的 $3 \sim 20\ kW \cdot t^{-1}$ 区间作为遥测结果有效性的判断区间，其他地区，如天津、广州、山东、陕西等地将 VSP 的 $0 \sim 20\ kW \cdot t^{-1}$ 区间作为遥测结果有效性的判断区间。实际上这种方法相当于将车辆遥测数据有效性判定区间只选定一个 VSP 的 Bin 区间，且一般针对一种污染物只给定了一个排放限值，没有兼顾到汽油车排放随 VSP 的变化特性，这种处理方法易导致误判，不利于科学化、精细化管理。另外，试验测试发现汽油车在遥感测试数据有效性的 VSP 判定区间以外区域的排放可能更为严重，应该纳入检测和监管范围。

同样，柴油车 NO_x 和烟度排放也随行驶工况变化，并且每种车型柴油机、变速器等配置不同，工作条件和载荷差异较大，导致不同车型 NO_x 排放和烟度排放特性随工况变化也存在显著差异。目前，针对柴油车排放遥感检测，排放遥感测试数据有效区间选择为：北京市和天津市为车辆加速度范围：$a \geq 0\ m \cdot s^{-2}$，其他地区包括河北、广东、安徽、山东、江苏、辽宁、陕西等地为车辆 VSP 范围：$VSP \geq 0\ kW \cdot t^{-1}$。目前的遥测标准一般在遥测数据判定有效区间内仅规定了一个筛查高排放柴油车的 NO_x 排放浓度和排气烟度限值，这相当于将所有车型满足 $a \geq 0\ m \cdot s^{-2}$ 或 $VSP \geq 0\ kW \cdot t^{-1}$ 的所有工况都归类为一个 Bin 分区，这种处理方法也不利于柴油车的科学化和精细化管理，容易造成高排放车辆由于运行在低负荷或低车速工况下排放较低而逃过检查和处罚，或者部分低排放车由于在高负荷下排放较高而被误判为高排放车。

由于汽油车和柴油车遥测数据有效性的判定区间只是有限的工况范围，超出这个范围的遥测数据不用于后续的评价，这样会导致大量的遥测数据无效，降低了机动车排放遥感测试设备的效能。并且，在车辆遥测数据有效性判定区间内一般针对一种污染物只给定了一个排放限值，没有兼顾到车辆排放随行驶工况变化特性，不利于车辆排放的科学化和精细化管理。为此，本章提出基于遥感大数据的汽车排气污染监测方法，针对不同汽车类型、不同行驶工况区段统计分析遥感排放测试大数据，以确定不同的高排放车辆筛查阈值。实现对不同车型、不同工况区间内排放的科学评估，筛查出高排放车辆，溯源排放超标车型、评估机动车排放水平和为制定汽车排放遥测新政策法规提供数据支持的目的。

8.1　在用汽车类型划分

我国的车型分类方法与美国、欧洲有较大差别，且我国各部门、各地方对车辆的管理和划分方式上也存在着差异，导致部分基础登记信息的不准确和缺失，对区域机动车排放管理及污染物排放清单的建立造成不便。因此，合理区分车辆类型，并在此基础上建立以排放控制为目的的环保监管体系，对于未来环境管理政策部署、机动车排放控制以及城市交通规划等都非常有益。

8.1.1　汽车分类的相关标准

1. 国家标准

我国车辆的分类体系可参考 GB/T 15089—2001《机动车辆及挂车分类》，该标准将机动车辆和挂车分为 L 类、M 类、N 类、O 类、G 类，适用于道路上使用的汽车、挂车及摩托车。具体划分见表 8.1。

表 8.1　GB/T 15089—2001 机动车辆及挂车分类

分类	细分	说明
L 类	L1 类	若使用热力发动机，其气缸排量不超过 50 mL，且无论何种驱动方式，其最高设计车速不超过 50 km/h 的两轮车辆
	L2 类	若使用热力发动机，其气缸排量不超过 50 mL，且无论何种驱动方式，其最高设计车速不超过 50 km/h，具有任何车轮布置形式的三轮车辆
	L3 类	若使用热力发动机，其气缸排量超过 50 mL，或无论何种驱动方式，其最高设计车速超过 50 km/h 的两轮车辆
	L4 类	若使用热力发动机，其气缸排量超过 50 mL，或无论何种驱动方式，其最高设计车速超过 50 km/h，3 个车轮相对于车辆的纵向中心平面为非对称布置的车辆（带边斗的摩托车）
	L5 类	若使用热力发动机，其气缸排量超过 50 mL，或无论何种驱动方式，其最高设计车速超过 50 km/h，3 个车轮相对于车辆的纵向中心平面为对称布置的车辆
M 类	M1 类	包括驾驶员座位在内，座位数不超过九座的载客车辆
	M2 类	包括驾驶员座位在内座位数超过 9 个，且最大设计总质量不超过 5 000 kg 载客车辆
	M 3 类	包括驾驶员座位在内座位数超过 9 个，且最大设计总质量超过 5 000 kg 的载客车辆
N 类	N1 类	最大设计总质量不超过 3 500 kg 的载货车辆
	N2 类	最大设计总质量超过 3 500 kg，但不超过 12 000 kg 的载货车辆
	N3 类	最大设计总质量超过 12 000 kg 的载货车辆
O 类	O1 类	最大设计总质量不超过 750 kg 的挂车
	O2 类	最大设计总质量超过 750 kg，但不超过 3 500 kg 的挂车
	O3 类	最大设计总质量超过 3 500 kg，但不超过 10 000 kg 的挂车
	O4 类	最大设计总质量超过 10 000 kg 的挂车

GB 18352.6—2016《轻型汽车污染物排放限值及测量方法（中国第六阶段）》中轻型车分类参照了 GB/T 15089—2001 中的分类方法，规定了最大总质量不超过 3 500 kg 的 M1 类、M2 类和 N1 类汽车的排放控制要求及测量方法。另外，依据生产企业的要求，最大总质量超过 3 500 kg 的 M1、M2、N1 和 N2 类汽车也可按 GB 18352.6—2016 标准进行型式检验。同样，GB 17691—2018《重型柴油车污染物排放限值及测量方法（中国第六阶段）》中重型柴油车分类也参照了 GB/T 15089—2001 中的分类方法，规定了 M2、M3、N1、N2 和 N3 类及总质量大于 3 500 kg 的 M1 汽车装用的压燃式、气体燃料点燃式发动机及其车辆的型式检验、新生产车排放监督检查和在用车符合性检查方法。另外，在进行 OBD 系统在用监测频率（IUPR）验证时，为了更好地区分用于型式检验的重型车辆，将车辆分成 2 类 6 种：①N 类车辆：长途车辆、配送车辆，以及其他诸如工程车辆；②M 类车辆：旅游和城际巴士、城市公交车及其他诸如 M1 类车辆。

2. 公安机关交管部门的汽车分类方法

GA 802—2014 标准按照规格术语、结构术语和使用性质三方面对汽车进行分类。

1) 按规格术语分类

汽车按规格术语分类见表 8.2。

表 8.2　汽车按规格术语分类

分类			说明
汽车	载客汽车	大型	车长≥6 m 或者乘坐人数≥20 人的载客汽车
		中型	车长 <6 m 且乘坐人数为 10～19 人的载客汽车
		小型	车长 <6 m 且乘坐人数≤9 人的载客汽车，但不包括微型载客汽车
		微型	车长≤3.5 m 且发动机总排量≤1 L 的载客汽车

续表

分类			说明
汽车	载货汽车	重型	总质量≥12 t 的载货汽车
		中型	车长≥6 m 或者 4.5 t≤总质量 <12 t 的载货汽车，但不包括低速货车
		轻型	车长 <6 m 且总质量 <4.5 t 的载货汽车，但不包括微型载货汽车、三轮汽车和低速货车
		微型	车长≤3.5 m 且总质量≤1.8 t 的载货汽车，但不包括三轮汽车和低速货车
		三轮汽车	以柴油机为动力，最大设计车速≤50 km/h，总质量≤2 t 的，长≤4.6 m，宽≤1.6 m，高≤2.0 m，具有 3 个车轮的货车
		低速货车	最大设计车速 <70 km/h，总质量≤4.5 t 的，长≤6 m，宽≤2.0 m，高≤2.5 m，具有 4 个车轮的货车
	专项作业车		分为重型、中型、轻型、微型

2）按结构术语分类

汽车按结构术语分为载客汽车、载货汽车和专项作业车。

3）按使用性质分类

汽车按使用性质分为营运和非营运两大类。

3. 生态环境部的汽车分类方法

生态环境部的汽车分类方法与公安部行业标准 GA 802—2014 规定的机动车类型、术语和定义基本一致，汽车分类方法见表 8.3。

表 8.3　生态环境部的汽车分类方法

分类			说明
汽车	载客汽车	大型	车长≥6 000 mm 或者乘坐人数≥20 人的载客汽车
		中型	车长 <6 000 mm 且乘坐人数为 10~19 人的载客汽车
		小型	车长 <6 000 mm 且乘坐人数≤9 人的载客汽车，但不包括微型载客汽车
		微型	车长≤3 500 mm 且发动机气缸总排量≤1 000 mL 的载客汽车

续表

分类			说明
汽车	载货汽车	重型	总质量≥12 000 kg 的载货汽车
		中型	车长≥6 000 mm 或者总质量≥4 500 kg 且＜12 000 kg 的载货汽车，但不包括低速货车
		轻型	车长＜6 000 mm 且总质量＜4 500 kg 的载货汽车，但不包括微型载货汽车、低速汽车
		微型	车长≤3 500 mm 且总质量≤1 800 kg 的载货汽车，但不包括低速汽车
低速汽车	三轮汽车		以柴油机为动力，最大设计车速≤50 km/h，总质量≤2 000 kg，长≤4 600 mm，宽≤1 600 mm，高≤2 000 mm，具有 3 个车轮的货车。其中，采用方向盘转向、曲传递轴传递动力、有驾驶室且驾驶员座椅后有物品放置空间的，总质量≤3 000 kg，长≤5 200 mm，宽≤1 800 mm，高≤2 200 mm
	低速货车		以柴油机为动力，最大设计车速＜70 km/h，总质量≤4 500 kg，长≤6 000 mm，宽≤2 000 mm，高≤2 500 mm，具有 4 个车轮的货车

8.1.2　本书汽车分类方法

本书采用的汽车分类方法与表 8.3 所示的生态环境部的汽车分类方法基本一致，见表 8.4。

表 8.4　本书的汽车分类方法

分类			说明
汽油车（含气体燃料汽车）	载客汽车	大型	车长≥6 000 mm 或者乘坐人数≥20 人的载客汽车
		中型	车长＜6 000 mm 且乘坐人数为 10～19 人的载客汽车
		轻型	车长＜6 000 mm 且乘坐人数≤9 人的载客汽车，但不包括微型载客汽车
		微型	车长≤3 500 mm 且发动机气缸总排量≤1 000 mL 的载客汽车

续表

分类			说明
汽油车（含气体燃料汽车）	载货汽车	重型	总质量≥12 000 kg 的载货汽车
		中型	车长≥6 000 mm 或者总质量≥4 500 kg 且 <12 000 kg 的载货汽车，但不包括低速货车
		轻型	车长 <6 000 mm 且总质量 <4 500 kg 的载货汽车，但不包括微型载货汽车、低速汽车
		微型	车长≤3 500 mm 且总质量≤1 800 kg 的载货汽车，但不包括低速汽车
柴油车	载客汽车	大型	车长≥6 m 或者乘坐人数≥20 人的载客汽车，乘坐人数可变的，以上限确定。乘坐人数包括驾驶员（下同）
		中型	车长 <6 m，乘坐人数 >9 人且 <20 人的载客汽车
		轻型	车长 <6 000 mm 且乘坐人数≤9 人的载客汽车
	载货汽车	重型	车长≥6 m，总质量≥12 t 的载货汽车
		中型	车长≥6 m，总质量≥4.5 t 且 <12 t 的载货汽车
		轻型	车长 <6 m，总质量 <4.5 t 的载货汽车
	低速汽车	三轮汽车	以柴油机为动力，最大设计车速≤50 km/h，总质量≤2 t 的，长≤4.6 m，宽≤1.6 m，高≤2.0 m，具有 3 个车轮的货车
		低速货车	最大设计车速 <70 km/h，总质量≤4.5 t 的，长≤6 m，宽≤2.0 m，高≤2.5 m，具有 4 个车轮的货车
	专项作业车		分为重型、中型、轻型、微型

　　汽车分类方法首先按燃料分为汽油车（含气体燃料汽车）和柴油车，再按不同车型进行分类。由于柴油机大多应用于中重型车辆，故将柴油车的微型车辆类型与轻型车辆类型合并，统称为轻型车辆。

8.2　汽车排气污染物遥感大数据监测方法

8.2.1　分地域实施汽车排气污染物遥感监测

由于车辆排放受环境温度、湿度和海拔条件影响，可以考虑分地域实施汽车排气污染物遥感监测，充分考虑各城市和地区的车辆运行环境条件，如南方常年较高的环境温度、东北极低的环境温度、青海等地区较高的海拔等。我国海拔高于 1 500 m 的有甘肃、宁夏、青海、山西、内蒙古、云南、贵州、重庆、西藏等 9 个省、自治区、直辖市，高海拔地区的面积约为 259 万平方千米，占我国国土总面积的 27.02% 左右。在高海拔环境下，由于大气压力低，发动机的进气量降低，这会导致发动机燃烧状况变差，使动力性能、经济性能和排放性能恶化，尤其是柴油车排气烟度有增加趋势。另外，不同气温和环境湿度对柴油车 NO_x 排放也有一定的影响。因此，在进行车辆排放遥感大数据分析时，应充分考虑这些特定的环境条件对车辆实际道路行驶条件下排放的影响，可以按环境温度、湿度和海拔条件分地域实施监测。

8.2.2　汽油车排气污染物遥感大数据分析方法

1. 汽油车分类和工况分区

依据汽油车排放遥测数据量和精细化管理需要将汽油车（含气体燃料汽车）按照汽车总质量分为微型车、轻型车、中型车和重型车，进一步按照汽车用途分为微型客车、微型货车、轻型客车、轻型货车、中型客车、中型货车、重型客车和重型货车。

将细分后的每一类别汽油车的行驶工况范围以 VSP 为参数划分为

不同的区间，称为 Bin 区间，Bin 区间的大小依据汽油车排放遥测数据量和精细化管理需要确定。图 8.1 所示为汽油车分类和 VSP 的 Bin 分区方法，将 VSP 分为 $i+j$ 个 Bin 分区。

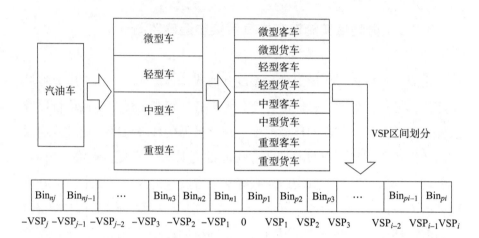

图 8.1 汽油车分类和 VSP 的 Bin 分区方法

以第 5 章遥感测试得到的轻型汽油车 VSP 数据为例，将 VSP 划分为 24 个 Bin 区间（表 8.5），在车辆 VSP 数值出现频率较高的工况区域采用较密分区，而在 VSP 数值出现频率较低的工况区域采用较宽的分区区间。

表 8.5 北京市的轻型点燃式发动机客车 VSP 的 Bin 分区

Bin 序号	VSP 区间/（kW·t^{-1}）	Bin 序号	VSP 区间/（kW·t^{-1}）
1	VSP < −15	8	−4 ≤ VSP < −3
2	−15 ≤ VSP < −13	9	−3 ≤ VSP < −2
3	−13 ≤ VSP < −11	10	−2 ≤ VSP < −1
4	−11 ≤ VSP < −9	11	−1 ≤ VSP < 0
5	−9 ≤ VSP < −7	12	0 ≤ VSP < 1
6	−7 ≤ VSP < −5	13	1 ≤ VSP < 2
7	−5 ≤ VSP < −4	14	2 ≤ VSP < 3

续表

Bin 序号	VSP 区间/（kW · t^{-1}）	Bin 序号	VSP 区间/（kW · t^{-1}）
15	$3 \leqslant VSP < 4$	20	$8 \leqslant VSP < 9$
16	$4 \leqslant VSP < 5$	21	$9 \leqslant VSP < 11$
17	$5 \leqslant VSP < 6$	22	$11 \leqslant VSP < 13$
18	$6 \leqslant VSP < 7$	23	$13 \leqslant VSP < 15$
19	$7 \leqslant VSP < 8$	24	$15 \leqslant VSP$

表 8.5 中以 VSP 参数将车辆行驶工况分为多个 Bin 区间，由于在不同的 Bin 分区中汽车发动机的负荷不同，因而每个 Bin 区间内车辆的 CO、HC 和 NO_x 排放也不同。另外，由于每种车辆的发动机、变速器等配置不同，每种车型 CO、HC 和 NO_x 排放特性也存在显著差异。

2. 汽油车排放遥感大数据分析

1）车辆排放遥感测量结果概率统计分析

遥测设备检测车辆速度和加速度，计算被测车辆测试工况下的 VSP 值，依据 VSP 值将车辆排放遥感测试数据分配到对应的 Bin 区间。

在车辆 VSP 的每个 Bin 区间内，采用离散型随机变量的概率分布方法对车辆排放遥感测试数据进行处理。

将检测到的车辆遥测排放数据作为离散型随机变量 x，设 x_1，x_2，$\cdots$，x_n 为遥测排放数据变量 x 的取值，而 p_1，p_2，$\cdots$，p_n 为对应上述取值的概率，即概率分布密度，离散型遥感检测数据 x_i 的概率分布可表示为

$$P\ (x_i)\ = p_i \tag{8.1}$$

其中，$i = 1$，2，$\cdots$，n，且概率 p_i 满足下列条件：

$$\sum_{i=1}^{n} p_i = 1 \tag{8.2}$$

离散型排放数据变量 x 的累积分布函数 $f\ (x)$，即累积概率分布为

$$f(x_i) = \sum_1^i p_i \tag{8.3}$$

离散型排放数据变量 x 的值落在 $[a, b]$ 之内的概率为

$$P\ (a < x \leqslant b)\ = f\ (b)\ - f\ (a) \tag{8.4}$$

排放数据变量 x_i 的取值大于等于 0，因此得到排放数据变量 x 的概率分布函数 $f\ (x)$ 的累积概率分布曲线，如图 8.2（a）所示。将排放数据变量 x_i 看成坐标轴上随机点的坐标，累积概率分布函数值 $f\ (x_i)$ 就表示 x 落在区间（$0 \sim x_i$）的概率，若高排放车辆比例划定在 $y\%$，则截取累积概率分布在（$100 - y$）$\%$ 的排放测量值作为初选排放限值，作为筛查高排放车辆的排放判断阈值，如图 8.2（b）所示。

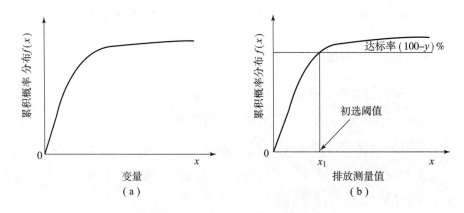

图 8.2　排放数据累积概率分布分析

（a）累积概率分布曲线；（b）高排放车辆判断阈值

　　基于北京市 ASM5024 工况的轻型汽油车排放数据进行分析，ASM5024 测试工况的车速为 24 km/h，计算获得其 VSP 值为 5.8 kW · t^{-1}，依据该 VSP 将车辆工况参数和遥测排放数据分配在 VSP 的 Bin17 区间内，下面对测得的遥测排放数据进行统计分析处理。CO、HC 和 NO 绝对浓度排放遥感测量值的概率分布曲线如图 8.3 所示。

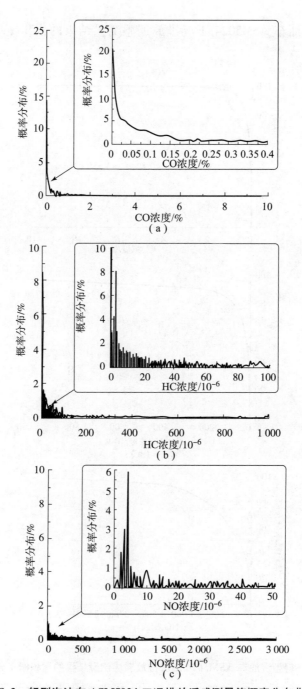

图 8.3　轻型汽油车 ASM5024 工况排放遥感测量值概率分布曲线

（a）CO 排放测量值概率分布；（b）HC 排放测量值概率分布；（c）NO 排放测量值概率分布

轻型汽油车 ASM5024 工况排放遥感测量结果的累积概率分布曲线如图 8.4 所示。

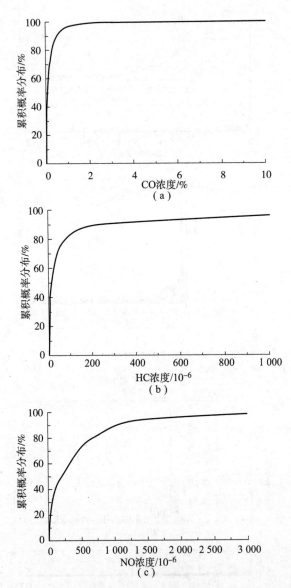

图 8.4　轻型汽油车 ASM5024 工况排放遥感测量结果的累积概率分布曲线

（a）CO 排放测量值累积概率分布；（b）HC 排放测量值累积概率分布；

（c）NO 排放测量值累积概率分布

由图 8.3 和图 8.4 可见，轻型汽油车 ASM5024 工况的遥感排放测量结果大多分布在较低排放结果区域，并不呈现规则的概率分布。排放较严重的车辆数量趋于减少趋势，但由于其污染物排放量较高，较少数量的高排放车会达到较大的排放量占比，因此准确地找出这些高排放车，强制进行维护和修理使其排放改善并达标，不合格车辆限制其出行，这样仅治理数量较少的高排放车，就能有效消减排放总量，达到事半功倍的效果。

2）汽油车高排放车辆筛选阈值分析

基于图 8.4 所示的北京轻型汽油车 ASM5024 工况排放遥感测量结果的累积概率分布曲线对北京轻型汽油车 ASM 工况高排放车辆筛选阈值进行分析，见表 8.6。

表 8.6　北京轻型汽油车 ASM 工况高排放车辆筛选阈值分析结果

ASM 工况排放遥测数据			筛除 5% 高排放值后数据		筛除 15% 高排放值后数据	
变量	最大值	统计平均值	最大值	统计平均值	最大值	统计平均值
HC 浓度/10^{-6}	9 886	169.26	735	47.7	107	21.44
CO 浓度/%	12.77	0.23	0.82	0.14	0.39	0.091
NO 浓度/10^{-6}	3 968	396.62	1 425.2	302.48	815	212.70

鉴于目前车辆遥感测试存在较高误判率的问题，通过遥感测试结果只筛查比例占 5% 的高排放车辆，本例以单独控制一种排放污染物为目标进行分析。即在各污染物累积概率分布曲线上截取累积概率分布在 95% 的排放测量值作为初选排放限值，即作为筛查高排放车辆的遥测排放判断阈值。在该 Bin 区间内遥感测试值超过该高排放车辆筛查阈值的车辆，则记录车辆排放超标。由于车辆排放遥感测试持续进行，每个 Bin 区间内遥测排放数据和统计分析结果始终处于动态更新过程，为了分析方便，暂时按静态处理。

如果单独以 HC 排放为控制目标，筛查 5% 高排放车辆，高排放车辆的遥测排放判断阈值为 735×10^{-6}。若判定的高排放车辆维修后排放达标,则筛除5%高排放车辆数据后的 HC 排放最大值从 $9\,886 \times 10^{-6}$ 降至 735×10^{-6},HC 排放数据统计平均值从 169.26×10^{-6} 降至 47.7×10^{-6}。

如果单独以 CO 排放为控制目标,筛查5%高排放车辆,高排放车辆的遥测排放判断阈值为 0.82%。若筛查出的高排放车辆维修后排放达标,则删除5%高排放车辆数据后的 CO 排放最大值从 12.77% 降至 0.82%,CO 排放数据统计平均值从 0.23% 降至 0.14%。

如果单独以 NO 排放为控制目标,筛查5%高排放车辆,高排放车辆的 NO 遥测排放判断阈值为 $1\,425.2 \times 10^{-6}$。若判定的高排放车辆维修后排放达标,则删除5%高排放车辆数据后的 NO 排放最大值从 $3\,968 \times 10^{-6}$ 降至 $1\,425.2 \times 10^{-6}$,NO 排放数据统计平均值从 396.62×10^{-6} 降至 302.48×10^{-6}。

由于每辆车排放遥感测试值是一组数据(CO、HC 和 NO),且一辆车的 CO、HC 和 NO 排放可能呈现不同的排放特性,因此可能存在只有一种污染物超标而其他两种达标的情况,或两种排放物超标而一种达标的情况,也有可能三种都超标。因此,如果车辆的三种排气污染物 CO、HC 和 NO 排放均按照5%高排放车辆判断阈值进行筛查,只要有一种排气污染物超标就判定为高排放车辆,则导致实际筛查出的高排放车辆比例远大于5%;而若以三种污染物均超标才判定为高排放车辆,则实际筛查出的高排放车辆比例小于5%。因此,必须通过后续试验测试适当调整三种污染物的高排放车辆判断阈值,使实际筛查出的高排放车辆比例控制在5%。

另外,由表8.6可以看出,如果按照在用车标准修订中排放限值的确定原则,即高排放车辆比例划定在 $10\% \sim 20\%$ 之间,以 15% 为例,截取排放测量值累积概率分布为 85% 对应的排放测量值,作为筛查高排放车辆的遥测排放判断阈值,则排放控制效果更加显著。

8.2.3　柴油车排气污染物遥感大数据分析方法

1. 柴油车分类和工况分区

依据柴油车排放遥感测试数据量和精细化管理需求，将柴油车划分为不同类别，如图 8.5 所示。按照车辆总质量可将柴油车划分为轻型柴油车、中型柴油车和重型柴油车，进一步按用途可划分为轻型柴油客车、轻型柴油货车、中型柴油客车、中型柴油货车、重型柴油客车和重型柴油货车。

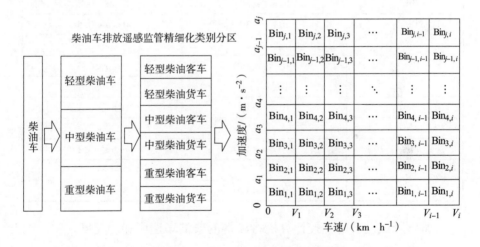

图 8.5　柴油车分类和工况分区

本章以某一轻型柴油车的排放遥感测试结果及其工况 Bin 分区为例进行说明。本例中轻型柴油车运行工况的 Bin 分区，如图 8.5 所示。由于柴油车减速时发动机进入急速或强制急速，可能实施断油控制策略，烟度和 NO 排放大大降低，因此本例中轻型柴油车排放遥感测试条件为车辆加速度大于等于零，该车型运行工况的 Bin 分区的速度范围确定为 0~120 km/h，加速度范围确定为 0~3.5 m/s²。运行工况的 Bin 分区方法按照速度每10 km 为一个速度区间，共12 个速度区间；加速度每区间0.5 m/s²，共7 个加速度区间，共84 个 Bin 分区，见表8.7。对于过量空气系数脉谱，在每个 Bin 区间内对该轻型柴油车实际道路排放测试条件下的柴油机过量空气系数数据进行统计处理，得到每个 Bin 分区内的统计平均值，用于 NO$_x$ 排放遥感测试反演计算。为了方便起见，后续该轻型柴油车排放的遥感大数据统计分析，也采用相同运行工况 Bin 分区方法。

表8.7　轻型柴油客车运行工况的 Bin 分区

Bin 序号	速度区间/（km·h⁻¹）	加速度区间/（m·s⁻²）
Bin$_{1,1}$	$0 \leqslant v < 10$	$0 \leqslant a < 0.5$
Bin$_{1,2}$	$10 \leqslant v < 20$	$0 \leqslant a < 0.5$
Bin$_{1,3}$	$20 \leqslant v < 30$	$0 \leqslant a < 0.5$
…	…	…
Bin$_{1,12}$	$110 \leqslant v \leqslant 120$	$0 \leqslant a < 0.5$
Bin$_{2,1}$	$0 \leqslant v < 10$	$0.5 \leqslant a < 1$
Bin$_{2,2}$	$10 \leqslant v < 20$	$0.5 \leqslant a < 1$
…	…	…
Bin$_{2,12}$	$110 \leqslant v \leqslant 120$	$0.5 \leqslant a < 1$
…	…	…
Bin$_{7,12}$	$110 \leqslant v \leqslant 120$	$3 \leqslant a \leqslant 3.5$

　　遥感测试设备的主控计算机将测得的柴油车速度和加速度、NO$_x$ 测试值、烟度测试值和车辆类别参数发送给机动车遥测数据监控平台，机动车遥测数据监控平台依据车辆类别参数、车辆速度和加速度，将车辆行驶工况参数、NO$_x$ 测试值、烟度测试值分配至该类车型行驶工况的对应 Bin 分区内，进行计算和统计分析。

2. 柴油车排放遥感大数据分析

1）柴油车排放遥感测量结果概率统计分析

在车辆行驶工况的每个 Bin 区间内对车辆排放遥感测试结果进行统

计分析。本小节以柴油车排气烟度遥感测试结果分析为例，说明柴油车排放遥感大数据分析方法。

柴油车自由加速工况排气烟度测试是传统的在用柴油车年检和抽检方法。由于自由加速工况非柴油车正常行驶工况，因此单独设置一个 Bin 分区，在此分区内对柴油车自由加速工况排气烟度不透光度进行统计分析。

将每个检测到的烟度不透光度数据作为离散型随机变量处理，统计每个排放数据的取值概率，得到每个烟度不透光度测量值的概率分布密度，计算烟度不透光度测量值的累积概率分布。轻型柴油客车自由加速工况排气烟度不透光度测量值的概率分布和累积概率分布如图 8.6 所示。

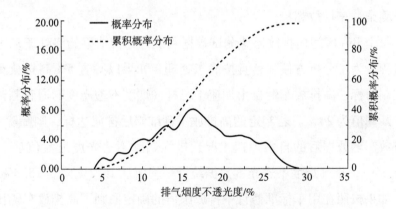

图 8.6 轻型柴油客车自由加速工况排气烟度不透光度测量值的概率分布和累积概率分布

2）高排放柴油车遥感筛查阈值选择分析

以图 8.6 所示的轻型柴油车排气烟度不透光度遥感测量值的统计分析结果为例进行分析，轻型柴油车自由加速工况排气烟度不透光度的高排放车辆筛选阈值选择见表 8.8。

表8.8 轻型柴油车自由加速工况排气烟度不透光度的高排放车辆筛选阈值选择

自由加速工况排气烟度			筛除5%高排放值后数据		筛除15%高排放值后数据	
烟度不透光度/%	最大值	统计平均值	最大值	统计平均值	最大值	统计平均值
	28	16.1	24	15.3	21	14.08

鉴于目前车辆遥感测试存在较高误判率的问题，遥感测试结果只筛查比例占5%的高排放车辆，本例以单独控制自由加速工况排气烟度为目标进行分析。

筛查比例为5%的高排放车辆，即在自由加速工况排气烟度测量值累积概率分布曲线上截取累积概率分布在95%的排放测量值，作为筛查高排放柴油车排气烟度不透光度遥感监测判断阈值。在该Bin区间内，若排气烟度不透光度遥感测试值超过该高排放车辆筛查阈值，则记录被测柴油车排放超标。

每个Bin区间内排放遥感测试数据和统计分析结果始终处于动态更新过程，为了分析方便，暂且按静态处理。如果以筛查5%高排放车辆为控制目标，高排放车辆自由加速工况排气烟度不透光度的遥感测试结果判断阈值为24%。若判定的高排放车辆维修后排放达标，则筛除5%高排放车辆数据后的自由加速工况，排气烟度不透光度最大值从28%降至24%，排气烟度不透光度数据统计平均值从16.1%降至15.3%。

如果按照在用车标准修订中排放限值的确定原则，高排放车辆比例划定在10%～20%之间，以15%为例，截取累积概率分布85%对应的排放测量值，作为筛查高排放车辆排气烟度不透光度遥感测试判断阈值，取为21%，则筛除15%高排放车辆数据后的自由加速工况排气烟度不透光度最大值从28%降至21%，排气烟度不透光度数据统计平均值从16.1%降至14.08%。

由于每辆柴油车排放遥感测试值是一组数据（NO和排气烟度），因此可能存在只有一种排放超标而另外一种达标的情况，或两种排放均超标。如果车辆的NO和烟度排放均按照5%高排放车辆判断阈值进行筛查，其中一种排放超标就判定为高排放车辆，则实际筛查出的高排放车辆比例大于 5%；而若以两种排放均超标才判定为高排放车辆，则实际筛查出的高排放车辆比例小于 5%。因此，必须通过后续试验测试适当调整 NO 和排气烟度的高排放车辆判断阈值，使实际筛查出的高排放车辆比例控制在 5%。

8.2.4　基于遥感大数据的汽车排放水平评价

1. 高排放汽车筛查

在汽油车 VSP 的每个 Bin 区间内或柴油车的每个速度–加速度 Bin 区间内，如果车辆排放遥感测试值超过该 Bin 区间的高排放车辆筛查阈值，则记录车辆排放超标。

如果在规定的时间周期内超标排放记录次数达到判定次数，如参考 HJ 845—2017 标准，遥感检测结果表明连续两次及以上同种污染物检测结果超过标准规定的排放限值，且测量时间间隔在 6 个自然月内，则判定被测车辆为高排放车辆，通知车主修车，否则可采取限制出行措施。

该车维修检测合格后，则将数据库中该车的超标排放数据删除，而将该车型排放超标信息另行记录，用于对各种车型排放水平进行综合评价。

机动车排放监控平台定期统计各种车型排放超标信息记录，可对市场上所有车型的排放超标次数和排放水平进行排序与评价。对排放超标信息记录占比较高的车型重点实施排放抽查和排放监管。

2. 在用车排放水平综合评价

每类车辆工况的 Bin 区间内的遥感监测数据的统计平均值可通过离散型随机变量的统计平均值公式进行计算：

$$\bar{x} = \sum_{i=1}^{n} x_i p_i \qquad (8.5)$$

遥感监测数据的统计平均值是所有数据的加权平均，不仅要考虑每个遥感监测数据的取值，还要考虑到它取值所对应的概率。

随着时间累积，每个 Bin 内储存的遥感测试数据数量快速增加。由于应用概率统计分析方法，数量巨大的遥感测试结果不再成为解决问题的困难或障碍，反而成为统计平均值有实际意义的保证，因为此时随机的排放测试结果围绕统计平均值的涨落对于每个 Bin 的统计平均值的影响小到可以忽略不计，那么每个 Bin 的统计平均值就足以代表该类车型在该工况 Bin 区域的排放真实值，可用于车辆排放水平评价和排放量估算。

3. 高排放汽车筛查阈值的动态更新

随着遥感监测数据的增加，数据统计分析实时更新，通过此方法始终能够筛查出一定比例的高排放车辆并采取相应改善措施，可降低整体车辆的平均排放。随着时间推移，低排放车辆增加，老旧车淘汰，尽管车辆保有量结构变化，由于数据统计分析实时更新，故可实现筛查高排放车辆的遥测排放判断阈值的动态调整，与车辆平均排放水平和车辆保有量结构变化同步，这与在用车年检排放检验标准限值相比具有实时更新的优越性，因为在用车排放标准限值的更新受标准制修订周期和制修订流程的制约。

8.3 汽车排气污染物遥感大数据监测流程

基于汽车排气污染物遥感大数据，建立基于大数据的汽车排气污染物监测方法，筛查高排放车辆、评估机动车排放水平，分析和处理方法实现流程如下。

（1）对在用汽车类型进行调研统计分析，按汽车燃料和车型进行分类，分为不同燃料类型（汽油车及气体燃料发动机汽车、柴油车）、不同车型（微型车、轻型车、中型车、重型车）等。这些分类是车辆排放精细化、科学化管理的基础。

（2）依据每类车型的行驶速度、加速度或比功率等覆盖范围进行车辆行驶工况分区，分区的大小取决于遥测数据量及车辆排放精细化管理需要。

（3）针对柴油车，采用 PEMS 进行排放测试，建立每类车型以速度、加速度或比功率为参数的过量空气系数脉谱，用于柴油车测试工况下的过量空气系数计算。

（4）通过汽车排放遥感检测装置检测车辆车牌、速度、加速度和排放信息。

（5）利用车辆车牌，识别车辆信息，将该测试车辆划归到设定的车型分类。

（6）利用检测到的车辆速度、加速度或比功率信息，将该测试车辆工况参数和排放信息分配到已设定好的车辆行驶工况分区。

（7）在每类车辆行驶工况分区内，利用反演计算方法计算汽油车（含气体燃料发动机汽车）的气态排放物浓度或柴油车的气态排放物浓度和排气烟度。

（8）在每类车辆行驶工况分区内，按照离散变量统计分析方法对排放数据进行处理，通过累积概率分布函数值，划定高排放车辆控制比例，确定筛查高排放车辆的排放判断阈值，并对每辆车的排放测试结果进行判定，判定车辆是否排放超标。

（9）监测车辆排放超标次数记录，判定是否为高排放车辆。

（10）机动车排放监控平台定期统计各种车型排放超标信息记录，对排放超标信息记录较多的车型重点实施排放抽查和排放监管。

（11）每个工况区间计算遥感监测排放数据统计平均值，用于车辆排放水平评价，可用于汽车排放清单计算。

（12）遥感监测排放数据统计分析持续运行，筛查高排放车辆的操作周而复始进行，可实现筛查高排放车辆的遥测排放判断阈值的动态更新，因此可随着在用汽车组成结构变化同步调整，跟随在用车辆整体车队排放水平同步更新，这与在用车年检排放检验标准限值修订更新相比具有实时更新的优越性，而在用车年检排放检验标准限值更新修订需要经历一定的修订周期和修订流程。

8.4　本章小结

本章阐述了基于遥测大数据的汽车排气污染物监测方法。首先，按汽车燃料和车型对汽车进行分类，分为不同燃料类型（汽油车、柴油车）、不同车型（轻型车、中型车、重型车）等。其次，依据每类车型的行驶速度、加速度和比功率等覆盖范围进行车辆行驶工况分区，分区的大小取决于遥测数据量及车辆排放精细化管理需要；利用检测到的车辆速度、加速度信息，将该测试车辆工况参数和排放信息分配到对应的车辆行驶工况分区；在每个车辆行驶工况分区内，按照离散变量统计分析方法对排放数据进行处理，依据高排放车辆控制比例，通过累积概率分布分析确定高排放车辆的筛查阈值，并对每辆车的排放测试结果进行判定，判定车辆是否排放超标，监测车辆排放超标次数记录，判定是否为高排放车辆。

参 考 文 献

［1］ 周昱，傅立新，杨万顺，等．北京市机动车排放遥感监测分析
　　　［J］．环境污染治理技术与设备，2005，6（10）：91－94．

［2］ 生态环境部．中国机动车环境管理年报（2020 年）［R］．北京：
　　　生态环境部，2020．

［3］ HAO L J, HAO C X, QIU T H, et al. Investigation and simulation of
　　　CNG bus emissions based on real-world emission measurement ［J］.
　　　Journal of Beijing Institute of Technology, 2019 (2): 198－208.

［4］ 国家环境保护总局，国家质量监督检验检疫总局．点燃式发动机
　　　汽车排气污染物排放限值及测量方法（双怠速法及简易工况法）：
　　　GB 18285—2005 ［S］．北京：国家环境保护总局，国家质量监督
　　　检验检疫总局，2005．

［5］ 国家环境保护总局，国家质量监督检验检疫总局．车用压燃式发
　　　动机和压燃式发动机汽车排气烟度排放限值及测量方法：GB
　　　3847—2005 ［S］．北京：国家环境保护总局，国家质量监督检验
　　　检疫总局，2005．

［6］ 郝利君，王军方，王小虎，等．柴油车气态排放物遥感检测技术

研究 [J]. 车辆与动力技术, 2020 (4): 49 – 52.

[7] BISHOP G A, STARKEY J R, IHLENFELDT A, et al. IR long-path photometry: a remote sensing tool for automobile emissions [J]. Analytical chemistry, 1989, 61 (10): 671A – 677A.

[8] POPP P J, BISHOP G A, STEDMAN D H. Development of a high-speed ultraviolet spectrometer for remote sensing of mobile source nitric oxide emissions. [J]. Journal of the Air & Waste Management Association, 1999 (49): 1463 – 1468.

[9] US EPA. User guide and description for interim remote sensing program credit utility: EPA/AA/AMD/EIG/96-01 [S]. Washington D. C.: [s. n.], 1996.

[10] US EPA. Program user guide for interim vehicle clean screen credit utility: EPA420 – P – 98 – 007 [S]. Washington D. C.: [s. n.], 1998.

[11] US EPA. Guidance on use of remote sensing for evaluation of I/M program performance [S]. Washington D. C.: [s. n.], 2001.

[12] BISHOP G A, STEDMAN D H, DE LA GARZA CASTRO J, et al. On-road remote sensing of vehicle emissions in Mexico [J]. Environmental science & technology, 1997, 31 (12): 3505 – 3510.

[13] DEQ O. Vehicle emission testing using a remote sensing device [M]. [S. l.]: [s. n.], 2003.

[14] POKHAREL S S, BISHOP G A, STEDMAN D H. On-road remote sensing of automobile emissions in the Phoenix area, Year 2 [M]. Phoenix: Coordinating Research Council, 2002.

[15] JIMENEZ J L, MCRAE G J, NELSON D D, et al. Remote sensing of NO and NO_2 emissions from heavy-duty diesel trucks using tunable diode lasers [J]. Environmental science & technology, 2000,

34（12）：2380－2387.

［16］刘嘉，尹航，葛蕴珊，等．遥感法用于车辆实际道路行驶污染状况评估［J］．环境科学研究，2017，30（10）：1607－1612.

［17］黄新平，黄荣．高排放车遥感筛选在台湾的应用［J］．中国环境监测，2006，22（2）：81－83.

［18］HUANG Y，ORGAN B，ZHOU J L，et al. Characterisation of diesel vehicle emissions and determination of remote sensing cutpoints for diesel high-emitters［J］. Environmental pollution，2019（252）：31－38.

［19］HUANG Y，ORGAN B，ZHOU J L，et al. Emission measurement of diesel vehicles in Hong Kong through on-road remote sensing：performance review and identification of high-emitters［J］. Environmental pollution，2018（237）：133－142.

［20］农加进，黄荣，双菊荣．遥感测量在机动车排放调查和 I/M 项目评估中应用的初步分析［J］．广州环境科学，2005，20（4）：17－19.

［21］许晓宇，沈寅．机动车尾气遥感监测仪器检测机动车尾气中 CO 的动态比对试验［J］．环境监测管理与技术，2011（B12）：40－43.

［22］郭慧．城市机动车污染物排放的遥感测试及模型研究［D］．杭州：浙江大学，2007：29－30.

［23］郑珑，葛蕴珊，刘嘉，等．遥感法在机动车排放测试中的应用研究［J］．汽车工程，2015，37（2）：150－154.

［24］郑珑．遥感检测法在机动车排放检验中的应用研究［D］．北京：北京理工大学，2014.

［25］北京市环境保护局，北京市质量技术监督局．装用点燃式发动机汽车排气污染物限值及检测方法（遥测法）：DB11/ 318—2005

［S］. 北京：［出版者不详］，2005.

［26］北京市环境保护局，北京市质量技术监督局. 在用柴油汽车排气烟度限值及测量方法（遥测法）：DB11/ 832—2011［S］. 北京：［出版者不详］，2011.

［27］天津市环境保护局，天津市市场和质量监督管理委员会. 在用汽车排气污染物限值及检测方法（遥测法）：DB12/T 590—2015［S］. 天津：［出版者不详］，2015.

［28］广东省环境保护局，广东省质量技术监督局. 在用汽车排气污染物限值及检测方法（遥测法）：DB44/T 594—2009［S］. 广州：［出版者不详］，2009.

［29］江苏省质量技术监督局. 在用汽车排气污染物限值及检测方法（遥测法）：DB32/T 2288—2013［S］. 北京：中国标准出版社，2013.

［30］中华人民共和国工业和信息化部. 机动车尾气遥测设备 通用技术要求：JB/T 11996—2014［S］. 北京：机械工业出版社，2014.

［31］环境保护部. 在用柴油车排气污染物测量方法及技术要求（遥感检测法）：HJ 845—2017［S］. 北京：中国环境科学出版社，2017.

［32］刘巽俊. 内燃机的排放与控制［M］. 北京：机械工业出版社，2005.

［33］黄英，孙业保，张付军，等. 车用内燃机［M］. 北京：北京理工大学出版社，2007.

［34］郝利君，何凤仙，李秦楠，等. 基于 μC/OS-II 的发动机电控程序应用研究［J］. 车用发动机，2007（2）：48 – 50.

［35］郝利君，葛蕴珊，黄英，等. 天然气发动机可变喷嘴涡轮增压器匹配研究［J］. 内燃机工程，2010（1）：47 – 50.

［36］郝利君，张焕新，成森，等. 电控可调涡轮增压天然气发动机开

发　［J］. 汽车工程，2003（6）：544－546.

［37］郝利君，徐波，吴广通，等. 串联式混合电动公交车动力系统仿真研究　［J］. 车用发动机，2004（5）：23－26.

［38］郝利君，王卫东，陈志平，等. 串联型混合动力公交车性能仿真分析　［J］. 汽车工程，2006（10）：881－883.

［39］郝利君，葛蕴珊，朱辉，等. 内燃机排气净化用 Au 纳米催化剂及其制备方法：CN201210292380.1　［P］. 2012－12－12.

［40］郝利君，张建华，李君，等. 车用柴油机电子泵喷嘴系统的实验研究　［J］. 汽车工程，1997，19（3）：170－174.

［41］郝利君，马光兴，等. 柴油机电子泵喷嘴系统结构与基本特性　［J］. 汽车技术，1998（6）：9－12.

［42］郝利君，葛蕴珊，赵长禄，等. 柴油机电控燃油喷射装置的现状与发展趋势　［J］. 兵工学报：坦克装甲车与发动机分册，1999（2）：51－54.

［43］郝利君，葛蕴珊，李加强，等. 柴油机固体 SCR 控制系统：CN201210262431.6　［P］. 2012－12－12.

［44］YU Q S，TAN J W，Ge Y S，et al. Application of diesel particulate filter on in-use on-road vehicles　［J］. Energy procedia，2017（105）：1730－1736.

［45］环境保护部，国家质量监督检验检疫总局. 轻型汽车污染物排放限值及测量方法（中国第六阶段）：GB 18352.6—2016　［S］. 北京：中国环境科学出版社，2016.

［46］生态环境部，国家市场监督管理总局. 重型柴油车污染物排放限值及测量方法（中国第六阶段）：GB 17691.6—2018　［S］. 北京：中国环境科学出版社，2018.

［47］生态环境部，国家市场监督管理总局. 汽油车污染物排放限值及测量方法（双怠速法及简易工况法）：GB 18285—2018　［S］. 北

京：中国环境科学出版社，2018.

[48] 生态环境部，国家市场监督管理总局. 柴油车污染物排放限值及测量方法（自由加速法及加载减速法）：GB 3847—2018［S］. 北京：中国环境科学出版社，2018.

[49] KIM J, CHOI K, MYUNG C L, et al. Comparative investigation of regulated emissions and nano-particle characteristics of light duty vehicles using various fuels for the FTP－75 and the NEDC mode［J］. Fuel, 2013（106）：335－343.

[50] 国家环境保护总局，国家质量监督检验检疫总局. 轻型汽车污染物排放限值及测量方法（Ⅰ）：GB 18352.1—2001［S］. 北京：中国标准出版社，2001.

[51] 国家环境保护总局，国家质量监督检验检疫总局. 轻型汽车污染物排放限值及测量方法（Ⅱ）：GB 18352.2—2001［S］. 北京：中国标准出版社，2001.

[52] 国家环境保护总局，国家质量监督检验检疫总局. 轻型汽车污染物排放限值及测量方法（中国Ⅲ、Ⅳ阶段）：GB 18352.3—2005［S］. 北京：中国环境科学出版社，2005.

[53] 环境保护部，国家质量监督检验检疫总局. 轻型汽车污染物排放限值及测量方法（中国第五阶段）：GB 18352.5—2013［S］. 北京：中国环境科学出版社，2013.

[54] Emission test cycles-ECE R49［EB/OL］. http：//www. dieselnet. com/standards/cycles/ece_ r49. php.

[55] Emission test cycles-European stationary cycle（ESC）［EB/OL］. http：//www. dieselnet. com/standards/cycles/esc. php.

[56] Heavy-duty truck and bus engines-European Union［EB/OL］. http：//www. dieselnet. com/standards/eu/hd. php.

[57] 国家环境保护总局，国家质量监督检验检疫总局. 车用压燃式、

气体燃料点燃式发动机与汽车排气污染物排放限值及测量方法（中国Ⅲ、Ⅳ、Ⅴ阶段）：GB 17691—2005 ［S］. 北京：中国环境科学出版社，2005.

［58］中华人民共和国城乡建设环境保护部. 柴油车自由加速烟度排放标准：GB 3843—1983 ［S］. 北京：［出版者不详］，1983.

［59］国际清洁交通委员会北京代表处. 遥感专题（一）汽车尾气遥感检测，了解一下？ ［EB/OL］. https：//mp. weixin. qq. com/s/9cIojXUvvYUjYjsqvEt7Iw.

［60］国际清洁交通委员会北京代表处. 遥感专题（三）汽车尾气遥感检测，都有哪几种？ ［EB/OL］. https：//mp. weixin. qq. com/s/ycK0hOdM2I2EocbDNWIPTw.

［61］胡厚钧. 汽车尾气遥感监测 ［J］. 中国环境监测，2000，16（6）：25 – 29.

［62］POKHAREL S S，BISHOP G A，STEDMAN D H. An on-road motor vehicle emissions inventory for Denver：an efficient alternative to modeling ［J］. Atmospheric environment，2002（36）：5177 – 5184.

［63］阎淑芳，刘江唯，许允，等. 南汽 NJ8140. 43C 轻型车用柴油机的排放特性 ［J］. 汽车技术，2002（7）：23 – 26.

［64］CHAN T L，NING Z，LEUNG C W，et al. On-road remote sensing of petrol vehicle emissions measurement and emission factors estimation in Hong Kong ［J］. Atmospheric environment，2004（38）：2055 – 2066，3541.

［65］SCHIFTER I，DIAZ L，MUGICA V，et al. Fuelbased motor vehicle emission inventory for the metropolitan area of Mexico city ［J］. Atmospheric environment，2005（39）：931 – 940.

［66］HOLMEN B A，NIEMEIER D A. Characterizing the effects of driver variability on real-world vehicle emissions ［J］. Transportation research

Part D：transport and environment，1998，3（2）：117 – 128.

［67］ 葛蕴珊，丁焰，尹航．机动车实际行驶排放测试系统研究现状
［J］．汽车安全与节能学报，2017，8（2）：111 – 121.

［68］ 国际清洁交通委员会北京代表处．遥感专题（七）如何分析遥感
测试数据？［EB/OL］．https：//mp. weixin. qq. com/s/JfmJS-
BcuHew2z4ESR0K5w.

［69］ 国际清洁交通委员会北京代表处．遥感专题（八）遥感数据和
PEMS 数据比对［EB/OL］. https：//mp. weixin. qq. com/s/ – G_
0iDgdFzFhjgWelsS_ jA.

［70］ 郝利君，邱泰华，张伟强，等．一种柴油车气态排气污染物遥感
检测系统及方法：CN201911078222 . 4［P］. 2020 – 04 – 07.

［71］ 方茂东，郑贺悦．基于碳平衡法的汽车油耗测量方法［J］．汽车
工程，2003（3）：295 – 297.

［72］ MARKEL T，BROOKER A，HENDRICKS T，et al. ADVISOR：a
systems analysis tool for advanced vehicle modeling［J］. Journal of
power sources，2002，110（2）：255 – 266.

［73］ HAO L J，WANG C J，YIN H，et al. Model-based estimation of
light-duty vehicle fuel economy at high altitude［J］. Advances in
mechanical engineering，2019，11（11）：1 – 10.

［74］ JOUMARD R，JOST P，HICKMAN J，et al. Hot passenger car
emissions modelling as a function of instantaneous speed and
acceleration［J］. Science of the total environment，1995（169）：
167 – 174.

［75］ HAO L J，CHEN W，LI L，et al. Modeling and predicting low –
speed vehicle emissions as a function of driving kinematics［J］.
Journal of environmental sciences，2017（5）：109 – 117.

［76］ FREY M. Methodology for developing modal emission rates for EPA's

MOVES：EPA420 – R – 02 – 027［R］. Washington：Environmental Protection Agency（EPA），2002.

［77］ 宋国华，于雷. 城市快速路上机动车比功率分布特性与模型［J］. 交通运输系统工程与信息，2010，10（6）：133 – 140.

［78］ US. EPA. Exhaust emission rates for heavy-Duty on road vehicles in MOVES201X［R］. Ann Arbor：［s. n.］，2015.

［79］ US EPA. Population and activity of on-road vehicles in MOVES2014［R］. Washington，D. C.：［s. n.］，2016.

［80］ 高占斌，张天野，陈辉，等. 柴油机烟度测量方法研究［J］. 集美大学学报（自然科学版），2006，11（3）：235 – 238.

［81］ 吴南，陈海，钟瀚，等. 浅析柴油机自由加速烟度测试的重复性［J］. 内燃机，2006（2）：50 – 51.

［82］ HAO L J，YIN H，WANG J F，et al. Remote sensing of NO emission from light – duty diesel vehicle［J］. Atmospheric environment，2020（242）：1 – 8.

［83］ California Air Resources Board，California Bureau of Automotive Repair. Evaluation of the California enhanced vehicles being driven on the road inspection and maintenance（smog check）program［R］. Sacramento：［s. n.］，2004.

［84］ 国家质量监督检验检疫总局. 机动车辆及挂车分类：GB/T 15089—2001［S］. 北京：［出版者不详］，2001.

［85］ 中华人民共和国公安部. 机动车类型 术语和定义：GA 802—2014［S］. 北京：［出版者不详］，2014.

［86］ 郝利君，葛子豪，尹航，等. 点燃式发动机汽车尾气排放遥感大数据检测方法和系统：CN202010831651. 0［P］. 2020 – 08 – 18.

［87］ 郝利君，葛子豪，尹航，等. 一种柴油车排放遥感大数据监测系统及监测方法：CN202010832913. 5［P］. 2020 – 12 – 22.

[88] 生态环境部. 中国机动车环境管理年报（2019 年）［R］. 北京；
生态环境部，2019.

[89] 束海波，邵毅明. 我国在用车 I/M 制度管理体系的探索［J］. 环
境与能源，2003，1：34－37.

[90] 黄锦成，沈捷. 车用内燃机排放与污染控制［M］. 北京：科学出
版社，2012.

[91] 龚为佳，沈卫东，刘训标，等. 世界各国汽车排放法规的发展历
程［J］. 重型汽车，2009（3）：41－42.

[92] 北京市环境保护局. 汽油车稳态加载污染物排放标准：DB 11/
122—2000［S］. 北京：［出版者不详］，2000.

[93] 北京市环境保护局. 汽油车稳态加载污染物排放标准：DB 11/
122—2006［S］. 北京：［出版者不详］，2006.

[94] 北京市环境保护局. 汽油车稳态加载污染物排放标准：DB 11/
122—2010［S］. 北京：［出版者不详］，2010.

[95] 国家环境保护局. 柴油车自由加速烟度排放标准：GB14761.6—
1993［S］. 北京：［出版者不详］，1993.

[96] 国家质量技术监督局. 压燃式发动机和装用压燃式发动机的车辆
排气可见污染物限值及测试方法：GB3847—1999［S］. 北京：
［出版者不详］，1999.

[97] 国家环境保护总局，国家质量监督检验检疫总局. 车用压燃式发
动机排气污染物排放限值及测量方法：GB17691－2001［S］. 北
京：［出版者不详］，2001.

[98] 刘嘉. 中国在用车排放检测方法研究［D］. 北京：北京理工大
学，2017.

[99] DAVISON J，BERNARD Y，BORKEN－KLEEFELD J，et al.
Distance－based emission factors from vehicle emission remote sensing
measurements［J］. Science of the total environment，2020，739：

139688. 1 – 139688. 11.

[100] 郝艳召，于雷，王宏图. 机动车尾气遥测技术发展历程及应用研究 [J]. 安全与环境工程，2010，17（4）：46 – 51.

[101] 张强. 基于遥感监测数据的机动车尾气排放估计算法研究 [D]. 合肥：中国科学技术大学，2019.

[102] HUANG Yuhan, YAM Y S, LEE C K C, et al. Tackling nitric oxide emissions from dominant diesel vehicle models using on – road remote sensing technology [J]. Environmental pollution, 2018（243）：1177 – 1185.

[103] GRANGE S K, FARREN N J, VAUGHAN A R, et al. Post – dieselgate：evidence of NO emission reductions using on – road remote sensing [J]. Environmental science & technology letter, 2020, 7：382 – 387.

[104] HAO Lijun, YIN Hang, WANG Junfang, et al. Potential of big data approach for remote sensing of vehicle exhaust emissions [J/OL]. Scientific reports, 2021（11）：1 – 10. https：//doi. org/10. 1038/s41598 – 021 – 84890 – 7.

[105] HUANG Y , NG E , SURAWSKI N C , et al. Large eddy simulation of vehicle emissions dispersion：implications for on – road remote sensing measurements [J]. Environmental pollution, 2020, 259：113974. 1 – 113974. 11.

[106] BERNARD Y, DALLMANN T, TIETGE U, et al. True U. S. database case study：remote sensing of heavy – duty vehicle emissions in the United States [R/OL]. Technical Report, International Council on Clean Transportation. www. theicct. org.

[107] BERNARD Y, TIETGE U, PNIEWSKA I. Remote sensing of motor vehicle emissions in Krakow [R/OL]. Technical Report, International

Council on Clean Transportation. www. theicct. org.

[108] BISHOP G A, STEDMAN D H. The recession of 2008 and its impact on light – duty vehicle emissions in three western United States cities [J]. Environmental science & technology, 2014, 48: 14822 – 14827.

[109] CARSLAW D C, BEEVERS S D, TATE J E, et al. Recent evidence concerning higher NO_x emissions from passenger cars and light duty vehicles [J]. Atmospheric environment, 2011, 45 (39): 7053 – 7063.

[110] PUJADAS M, DOMÍNGUEZ – S AEZ A, DE LA FUENTE J. Real – driving emissions of circulating Spanish car fleet in 2015 using RSD technology [J]. Science of the total environment, 2017, 576: 193 – 209.

[111] ROPKINS K, DEFRIES T H, POPE F, et al. Evaluation of EDAR vehicle emissions remote sensing technology [J]. Science of the total environment, 2017, 609: 1464 – 1474.

[112] SJÖDIN Å, ANDRÉASSON K. Multi – year remote – sensing measurements of gasoline light – duty vehicle emissions on a freeway ramp [J]. Atmospheric environment, 2000, 34: 4657 – 4665.

[113] YANG L, BERNARD Y, DALLMANN T. Technical considerations for choosing a metric for vehicle remote – sensing regulations [R/OL]. Technical Report, International Council on Clean Transportation. www. theicct. org.

附录

汽车排放遥测设备技术要求及检测规程

附件 A　遥测设备的技术要求

范围

本附录规定了汽车排放遥测设备的基本组成、技术要求。

本附录适用于应用光谱吸收原理，远距离感应检测行驶中的汽车排放污染物浓度的设备。

术语和定义

污染物

进入环境后能够直接或者间接危害人类的物质，本规程特指 CO、CO_2、HC、NO 和颗粒物。

烟度不透光度

从光源发出的光穿过机动车排气烟羽到达仪器光接收器的吸收百分比，单位为%。

遥测设备的组成及基本技术要求

遥测设备的组成

工业控制计算机

安装有相关控制软件，协调各部件完成相关工作，完成视频和数据的采集分析、存储、上传工作。

工业控制计算机需在环境温度 −20.0~45.0 ℃下正常运行。

遥测主机

执行工业控制计算机发送的相关指令，控制发送相关测量光束或信号，接收由遥测副机返回的或发送的测量光束或信号，控制标准气体校准，向工业控制计算机发送尾气遥感相关数据。

遥测主机需在技术要求条款中规定的环境条件下正常运行。

遥测副机

将遥测主机发送的测量光束或信号反射回遥测主机，也可主动发送测量光束或信号。

遥测副机需在技术要求条款中规定的环境条件下正常运行。

速度、加速度测量系统

采用光学或雷达测量方法，对通过测量区域的汽车速度、加速度数据进行测量，并将测量数据发送给遥测主机或者工业控制计算机。

车牌识别系统

拍摄经过测量区域的汽车的图片，将车牌信息发送给工业控制计算机或自动进行车牌识别，将识别的车牌号码发送给工业控制计算机。

温度计

获取测量区域的温度信息并上传给遥测主机或工业控制计算机。

湿度计

获取测量区域的湿度信息并上传给遥测主机或工业控制计算机。

风速风向仪

获取测量区域风速、风向信息并上传给遥测主机或工业控制计算机。

气压计

获取测量环境大气压力并上传给遥测主机或工业控制计算机。

坡度计

获取遥测区域地面坡度的仪器，获取的坡度数据可自动上传给遥测主机或工业控制计算机，也可采用手动输入的方式输入工业控制计算机。

技术要求

遥测设备需在以下环境条件下正常工作

正常工作环境条件：

——无雨、雾、雪；

——无明显扬尘；

——风速≤5.4 m/s

——环境温度为 –25 ~ 40 ℃

——相对湿度≤85.0%

——大气压力为 70.0 ~ 106.0 kPa

遥测设备的技术要求

遥测系统分析响应时间应不大于 1.0 s。

主要污染物测量范围应符合表 A.1 要求。

表 A.1　主要污染物测量范围

污染物种类	测量范围
CO_2	$(0 \sim 16) \times 10^{-2}$
CO	$(0 \sim 10) \times 10^{-2}$
NO	$(0 \sim 5\ 000) \times 10^{-6}$
1，3 – 丁二烯	$(0 \sim 300) \times 10^{-6}$
丙烷	$(0 \sim 10\ 000) \times 10^{-6}$
烟度不透光度	$(0 \sim 100) \times 10^{-2}$

注：1，3 – 丁二烯和丙烷任选一项即可。

主要污染物示值允许误差应符合表 A.2 要求。

表 A.2　主要污染物示值允许误差

污染物种类	测量范围	绝对误差	相对误差/%	重复性/%
CO_2	$(0 \sim 16) \times 10^{-2}$	±0.25%	±10	±5
CO	$(0 \sim 10) \times 10^{-2}$	±0.25%	±10	±5
NO	$(0 \sim 5\,000) \times 10^{-6}$	$\pm 20 \times 10^{-6}$	±10	±5
1,3 - 丁二烯	$(0 \sim 300) \times 10^{-6}$	$\pm 10 \times 10^{-6}$	±10	±5
丙烷	$(0 \sim 10\,000) \times 10^{-6}$	$\pm 100 \times 10^{-6}$	±10	±5
烟度不透光度	$(0 \sim 100) \times 10^{-2}$	±2%	±5	±2.5

注：表中所列绝对误差和相对误差，满足其中一项即可。

设备的稳定性应满足：对上述污染物连续测量 1 h，误差不应超过遥感检测设备示值允许误差。

速度、加速度测量系统的测量范围应符合表 A.3 要求。

表 A.3　速度、加速度测量系统的测量范围

测量种类	测量范围	绝对误差
速度	$(5 \sim 120)$ km/h	±2.0 km/h
加速度	$(-1 \sim 2)$ m/s^2	±0.3 m/s^2

车牌识别系统的车辆图像抓获率需：≥98.0%，车辆牌照识别率需：≥95%。

温度计、湿度计、风速风向仪、气压计、坡度计，其测量范围和允许误差应符合表 A.4 要求。

表 A.4　环境参数仪器测量范围和允许误差

测量种类	测量范围	绝对误差	相对误差
温度	$(-40.0 \sim 50.0)$℃	±0.5℃	
相对湿度	$(5.0 \sim 95.0)$%		±3% FS
风速	$(0 \sim 20)$ m/s		±10%
气压	$(70.0 \sim 106.0)$ kPa		±5%
坡度	$(-15 \sim 15)$°	±0.1°	

附件 B　遥测设备的安装和使用

范围

本附录规定了汽车排放遥测设备的安装方法、使用条件以及人员能力要求。

本附录适用于应用光谱吸收原理，远距离感应检测行驶中的汽车排放污染物浓度的设备。

术语和定义

水平固定式遥感检测设备

固定安装于道路两侧，可无人值守连续运行，使用时光路与地面平行的汽车排放遥感检测设备。

水平移动式遥感检测设备

可以根据需要随机选择测量地点，一般用专用车装载，使用时光路与地面平行，工作结束后需将设备收回的汽车排放遥感检测设备。

垂直式遥感检测设备

固定安装于车道上方，使用时光路沿与地面垂直方向分布，可无人值守连续运行的汽车排放遥感检测设备。

运维人员

对汽车遥感检测设备进行维护、保养、维修，从而保证汽车遥感检测设备正常运行的人员。

设备的安装和使用

水平固定式遥感检测设备

水平固定式遥感检测设备推荐的安装道路宽度为 4 m 至 8 m，最大道路宽度 12 m，且不得安装于下坡路段；主机与副机需安装在相应的机柜内部，机柜需保证有防尘防雨措施，且配置温度控制系统；速度、加速度测量系统以及工业控制计算机安装于机柜内部；牌照识别系统安装于距离检测光路 25 m 处高度为 5 m 的 L 杆上，通过网线与工业控制计算机通信，网线推荐标准为 CAT－6 类或以上；温度计、湿度计、风速风向仪、气压计建议安装在机柜顶端或不超过机柜两米高度、约为两米的固定柱上。

在设备投入使用前，确认设备通过第三方校准，且在校准有效期内，设备安装完成后进行一次检查，确认设备的光路、电路、准确度以及软件各项功能正常，并进行相关记录，记录文件需存档。

以上工作完成后，对设备进行一次标定，并记录检测路段坡度信息，输入工业控制计算机，设备即可投入使用。

每次对设备进行现场操作或运维都建议最少两位运维人员一同进行。

水平移动式遥感检测设备

水平移动式遥感检测设备建议使用专用检测车携带，专用检测车可与车顶集成牌照识别系统、温度计、湿度计、风速风向仪、气压计，内部集成工业控制计算机，并划出专用区域用于存放遥感检测系统的主机、副机以及速度、加速度测量系统。

为了保证安全，水平移动式遥感检测系统必须配备安全锥桶，用以保护设备和人员安全。

在设备使用时，首先选取合适的检测地段，检测地段不能是下坡路段，检测地段车流量需合适，车流量不可太多，防止检测造成的道路拥堵，也不可太少，防止无法获取足够的数据，检测路段每 5 s 通过一辆被检测车辆比较适合。

选取合适的检测路段后，将检测车停放在最右侧车道，检测人员首先穿上带反光条的工作服，然后下车观察路段，摆放隔离墩，阻止被检测车辆通过检测路段，将隔离墩摆放于检测路段的两侧，在合适的位置放置遥感检测设备并调节光路，最后将隔离墩放置于遥感检测设备左右和后方，保护设备。

设备摆放好后，将道路放开，让车辆通过检测路段并等待设备预热，设备预热完成后使用标准气体对设备进行标定，标定完毕即可投入使用。

每次对设备进行现场操作或运维都建议最少两位运维人员一同进行。

垂直式遥感检测设备

对于垂直式遥感检测设备，设备安装于龙门架上，推荐最佳安装车道小于等于 3 车道，防止由于车道过长造成龙门架过长从而造成的设备晃动，检测路段不能是下坡路段，工业控制计算机安装于道路旁的有防尘防雨措施的带有温控系统的机柜内，温度计、湿度计、风速风向仪、气压计建议安装在机柜顶端或者龙门架上的设备旁。

牌照识别系统安装于距离检测光路 25 m 处高度为 5 m 的 L 杆上。

连接各部件的网线推荐使用 CAT – 6 或以上规格。

在设备投入使用前，确认设备通过第三方校准，且在校准有效期内，设备安装完成后进行一次检查，确认设备的光路、电路、准确度以及软件各项功能正常，并进行相关记录，记录文件需存档。

以上工作完成后，对设备进行一次标定，并记录检测路段坡度信息，输入工业控制计算机，设备即可投入使用。

每次对设备进行现场操作或运维都建议最少两位运维人员一同进行。

遥感检测设备现场操作人员以及运维人员的能力要求

由于遥感检测设备属于精密光电一体化仪器，在此对相关现场操作以及运维人员能力提出要求并非出于歧视或潜在的歧视目的，而是为了确保相关仪器能够得到妥当的使用和维护，并提高设备精度以及确保人员安全。

建议遥感检测设备的现场操作人员以及运维人员为理工科专科或以

上学历，有仪器仪表使用维护经验为佳，有实验室检测经验者为优，在使用或运维设备前，必须通读设备的操作手册和维护手册。

考虑到设备操作或维护可能需要进行的登高作业、带电作业，对于运维人员建议需通过设备生产厂商的遥感基本原理、设备原理、结构、登高作业、安全用电知识方面的培训后方可上岗，且建议每3年接受再培训，每接触到一种新的汽车尾气遥感检测设备都应接受设备生产厂商的培训。

当设备工作异常或无法工作时，建议现场检测人员联系设备生产厂商专业人员或专业运维人员进行检修，防止现场检测人员受到包括可见与不可见激光、强紫外线等的伤害。

附件 C 遥测设备校准和标定要求

范围

本附录规定了汽车排放遥测设备的校准和标定要求。

本附录适用于应用光谱吸收原理，远距离感应检测行驶中的汽车排放污染物浓度的设备。

术语和定义

校准

在规定条件下，为确定计量器具一定范围内的示值误差的一组操作，本规程特指按照相关计量校准规范，对汽车排放遥感检测设备的误差进行确定的操作。

校准气体

用来对设备进行校准的气体。

标准物质

一种已经确定了具有一个或多个足够均匀的特性值的物质或材料，是分析测量行业中的工具。

标定

原意为使用标准的计量仪器对所使用仪器的准确度（精度）进行检测、判断其是否符合标准的操作，本规程定义为在设备使用前，让特定的标准气体通入设备光路，使得设备可以对其误差进行消除的操作。

校准

校准的分类

第一方校准

遥感检测设备投入使用前，以及使用过程中，需每 6 个月进行一次准确度检查，准确度检查可由符合附录 B 中遥感检测设备现场操作人员及运维人员的能力要求规定的人员进行。

第三方校准

遥感检测设备投入使用前，以及使用过程中，需每 12 个月进行一次第三方校准，第三方校准机构推荐省级或以上计量、检定、校准机构或其他通过中国检测机构和实验室强制认证（CMA）且检测能力覆盖汽车遥感检测设备的机构。

校准气体的要求

校准气体应是有证标准物质，并应在有效期内使用。

校准气体的浓度以体积比的百分数（10^{-2}）、百万分数（10^{-6}）或克分子摩尔比的百分数（10^{-2}）、百万分数（10^{-6}）表示。气体标准物质的标准值的允许偏差应不超过表 C.1 和表 C.2 所规定值的 ±3%。其相对扩展不确定度 Urel = 2%（$k = 2$）。

表 C.1　校准气体的浓度 1

变量	1 号	2 号	3 号	4 号
CO 浓度/10^{-2}	0.50	1.00	2.50	5.00
C_3H_8 浓度/10^{-6}	500	1 500	2 500	4 000
CO_2 浓度/10^{-2}	14.7	14.2	13.1	11.3
NO 浓度/10^{-6}	500	1 000	3 000	0

表 C.2　校准气体的浓度 2

变量	1 号	2 号	3 号	4 号
1，3 - 丁二烯浓度/10^{-6}	0	40	100	160
CO 浓度/10^{-2}	0.50	0.50	2.00	4.00
CO_2 浓度/10^{-2}	14.7	14.7	13.6	12.2

设备校准时需根据不同设备选取符合表 C.1 或表 C.2 的要求的气体。

标准滤光片

标准滤光片应至少配备 5 片，烟度不透光度值参考表 C.3 规定，实际示值与表 C.3 中规定值的偏差应小于 ±2.0%，不确定度应不大于 0.3%。

表 C.3　标准滤光片

序号	烟度不透光度/%
1	10
2	20
3	30
4	40
5	50

标定的要求

标定的时机

设备在使用前应进行标定，在使用中应定时自动标定，或定时提醒现场操作人员标定，当检测情况发生变化时也需重新标定，以排除使用环境中气体的干扰。

设备每次标定的时间、标定气体浓度、标定的结果应进行记录。

时间间隔要求

连续检测时两次标定的时间间隔建议小于 2 h，或者按照操作手册中的规定执行，但最多不应大于 3 h。

标定过程要求

首次标定时要确保设备预热完成，标定过程中要确保无包括车辆和行人在内的障碍物通过或遮挡光路。

标定气体的要求

当设备用于汽油车尾气检测时标定气体的要求

标定气体应是有证标准物质，并应在有效期内使用。

标定气体的浓度以体积比的百分数（10^{-2}）、百万分数（10^{-6}）或克分子摩尔比的百分数（10^{-2}）、百万分数（10^{-6}）表示。气体标准物质的标准值的允许偏差应不超过规定值的 ±3%。其相对扩展不确定度 Urel = 2%（$k = 2$），且气体浓度符合式（C.1）。

$$C_{CO_2} = \left[0.42 - (2C_{CO} + 1.21C_{HC} + C_{NO}) \right] / 2.79 \qquad (C.1)$$

式中：C_{CO_2}、C_{CO}、C_{HC}、C_{NO} 分别为 CO_2、CO、HC（1，3 - 丁二烯或丙烷）、NO 气体的浓度，计算时单位应统一。

当设备用于柴油车尾气检测时标定气体的要求

标定气体应是有证标准物质，并应在有效期内使用。

标定气体的浓度以体积比的百分数（10^{-2}）、百万分数（10^{-6}）或克分子摩尔比的百分数（10^{-2}）、百万分数（10^{-6}）表示。气体标准物质的标准值的允许偏差应不超过表 C.4 所规定值的 ±3%。其相对扩展不确定度 Urel = 2%（$k = 2$）。

表 C.4　标定气体浓度

组分	浓度
CO_2	14.5×10^{-2}
NO	$2\,500 \times 10^{-6}$
N_2	其余

附件 D　遥测结果判定及数据记录（资料性）

遥测结果判定方法

当被检测的车辆为柴油车时，NO 排放或排气烟度不透光度数值任意一项数据超标则判定该车辆尾气遥感检测数据超标；当被检测车辆为汽油车时，除烟度不透光度之外的任意一项数据超标则判定该车辆尾气排放遥感检测数据超标。

遥测数据记录要求

在遥感测量地点每经过一辆车，不论是否获得有效排放数据，测量系统均需生成一个记录，每个记录都需要赋予特定的序列号作为检测记录编号。

记录格式应符合《在用柴油车排气污染物测量方法及技术要求（遥感检测法）》在附录 C 的相关要求。

每条记录应至少记录以下信息。

输入参数

——检测地点名称、经度、纬度、坡度；

——检测人员姓名；

——检测设备厂家、型号；

——自动生成日期和开始、结束时间；

——自动生成测量记录编号。

环境参数

——风速（m/s）；

——环境温度（℃）；

——相对湿度（%）；

——大气压力（kPa）；

——道路坡度（°）。

遥测数据

——污染物排放结果；

——车辆通过时间；

——车辆燃料类型；

——车牌号码；

——车牌颜色；

——图片顺序号；

——结果判别。

自动标定数据记录

——自动标定时间；

——自动标定数据；

——自动标定结果。

彩　　插

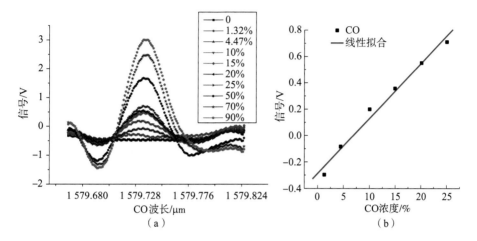

图 4.11　CO 信号与浓度的关系（线性相关系数为 0.992）

（a）二次谐波光谱信号；（b）线性拟合

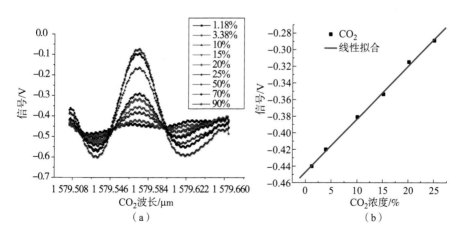

图 4.12　CO_2 信号与浓度的关系（线性相关系数为 0.998 96）

（a）二次谐波光谱信号；（b）线性拟合